내가 두 아이를 키우면서 배운 것들

이 책을 소중한

______________님에게 선물합니다.

______________________ 드림

엄마와 아이가 함께 성장하는 느린 육아법

내가 두 아이를 키우면서 배운 것들

김영숙 지음

위닝북스

육아는 엄마 인생의
마지막 기회다

예나 지금이나 아이를 키우는 것은 여전히 어렵다. 특히 워킹맘인 나에게는 더욱더 큰 어려움이 되었다. 육아를 시작한 후, 하루도 편안한 날이 없었던 것 같다. 누군가 세상에서 가장 어려운 일이 무엇이냐고 묻는다면, 나는 육아라고 말하고 싶다.

아이를 키우면서 계획한 대로 일이 진행되지 않아 답답할 때가 많았다. 수학공식처럼 답이 있는 것도 아니고, 같은 조건과 환경에서 키워도 다른 결과가 나오기 때문이다.

세상의 많은 부모들이 자녀를 성공시키고자 교육에 많은 시간과 비용을 투자한다. 아이가 좋은 대학에 입학하고, 좋은 직장에 취직해서 안정적으로 살기를 원하기 때문일 것이다.

부모가 바라는 안정적인 직장은 무엇일까? 한 통계에 따르면,

2030년까지 전 세계에서 20억 개의 일자리가 사라질 전망이라고 한다. 미래에는 현재 사람이 하는 많은 일을 기계가 처리하게 된다. 결국 지금 좋은 직업이라고 생각하는 것이 미래에는 없어질 수도 있다는 뜻이다.

없어질 수도 있는 직장을 위해 아이에게 놀 수 있는 권리마저 빼앗고 있지는 않은지 부모는 생각해 봐야 한다. 그래서 나는 아이가 초등학교에 입학하기 전까지 최대한 많이 놀게 하고 있다. 어렸을 때부터 사교육에 노출되면 정작 공부해야 할 시기에 공부에 질려서 거부감이 생길 수 있기 때문이다. 주위에서도 학업 스트레스로 정신과 상담을 받는 아이들이 있다. 아이에게 공부보다는 인생이 살아갈 만하다는 생각을 키워 주는 것이 중요하다.

나는 아이를 키우면서 '어떻게 하면 아이와 엄마가 행복해질 수 있을까? 또 엄마인 나 자신을 어떻게 하면 성장시킬 수 있을까?'라는 고민을 많이 했다. 이 책은 바로 이와 같은 질문에 대한 답을 얻기 위한 나만의 지식과 노하우를 담아낸 책이다.

과연 어떻게 아이와 엄마가 행복해질 수 있을까? 나는 이 질문의 해답을 아이와 엄마가 행복해지는 '덧셈육아'에서 찾았다. 덧셈육아란, 아이와 엄마가 행복한 관계를 유지하면서 아이와 함께 엄마도 성장하는 육아다.

아이는 엄마의 격려 한마디로 자신에 대한 믿음을 갖는다. 아이는 엄마가 믿어 주는 만큼 자존감도 높아지게 된다. 만약 아이가 이유 없이 문제행동을 하고 있다면, 부모의 입장이 아닌 아이의 입장에서 속마음을 자주 들여다봐야 한다. 부모의 사랑과 관심을 받고 싶어서 보내는 신호일 경우가 많기 때문이다.

아이는 사랑받고 있다는 느낌을 받을 때 안정적으로 생활할 수 있다. 아이의 행동이 엄마의 마음에 들지 않더라도 믿고 기다려 줘야 한다. 그리고 성적이 아닌 인성을 더 중요하게 여겨야 하며, 부모의 입장이 아닌 객관적인 시선으로 아이를 파악하고 최소한의 도움만 줘야 한다. 그래야 아이와의 관계에서 행복해질 수 있다.

아이의 교육에 모든 것을 투자하는 것은 좋은 방법이 아니다. 아이에게 직접적으로 학습을 시키는 것보다 부모가 거울이 되어 열심히 공부하는 모습을 보여 주는 것이 현명한 부모다. 아이를 키우는 과정 속에서 엄마의 발전에 초점을 맞춰 같이 성장해 나가는 것이 진짜 아이의 성장을 이루는 길이다.

나 역시 육아를 내 인생의 터닝 포인트로 삼았다. 사람은 마음만 먹으면 어떠한 환경에서도 적응하고 배울 수 있다. 특히 아이를 위해서라도 부모가 더 많이 배우고 성장해야 한다. 그러한 마음으로 나는 최대한 배우고 공부했다.

자기계발을 하면서 엄마이기에 더 잘할 수 있는 것도 있다는 것을 알게 되었다. 아이를 키우면서 겪게 되는 모든 것들이 나를 성장시켜 주었다.

나는 내 아이의 롤모델이 되기 위해서 노력했다. 매사에 최선을 다하고 열정적으로 일하는 모습을 보여 주었다. 아이에게 책을 읽으라고 하기보다는 항상 책을 가까이하며 책 읽는 모습을 보여 주었다. 왜냐하면 아이를 키우는 시간은 다시 돌아오지 않을 엄마 인생의 마지막 기회이기 때문이다.

이제부터 아이를 '키울' 생각을 하지 말고 아이가 '커 가는' 모습을 그저 담담히 바라보자. 이 책을 읽은 모든 사람들이 아이를 기르면서 행복해질 수 있기를 바란다.

육아를 하면서 나의 경험들을 한 권의 책으로 펴낼 수 있도록 많은 도움을 주신 멘토가 있다. 바로 〈한국 책쓰기 성공학 코칭협회〉의 김태광 대표 코치님과 위닝북스 권동희 대표님이다. 또 나를 멋진 워킹맘, 덧셈육아코치로 일어설 수 있게 용기를 준 〈엄마이티 컴퍼니〉의 임원화 대표님에게도 감사의 인사를 드린다.

마지막으로 내가 하고자 하는 것이라면 무조건 지지해 주시는 양가 부모님, 그리고 늘 곁에서 응원해 주는 남편과 두 딸 소윤이와 수연이에게 이 책을 바친다.

2017년 4월

김영숙

PART 2

엄마의 정보력이
아이의 인생을 망친다

PART 3 아이를 놀게 하자

PART 4 아이와 엄마가 행복해지는 덧셈육아 7가지

PART 5

아이를 '키울' 생각보다 '커 가는' 모습을 바라보라

육아,
잠깐이다

아이는
잠깐이면 큰다

그저 게임에 임해라. 즐거움을 느끼고, 경기를 즐겨라.
– 마이클 조던 –

육아를 전쟁이라고 한다. 많은 사람들이 아이 키우는 것을 어렵게 느낀다는 의미다. 부모가 어떤 분야의 전문가라고 해도 육아 앞에서는 한없이 작아진다. 모든 사람들이 육아에는 초보다.

아이를 낳고 기르면서 부모는 모든 상황을 인내하고 헌신한다. 아이를 위해 자신을 희생하고 개인적인 자유 시간마저 포기하고 살아가게 된다. 오직 아이를 잘 키우기 위해 노력하는 것이다.

항상 내가 아닌 아이를 먼저 생각하고, 노심초사하며 아이가 조금이라도 힘들어하면 즉시 반응한다. 잠도 제대로 자지 못할뿐더러 심지어 밥을 먹다가도 아이가 똥을 싸면 닦아 준다. 아이의 똥이 더럽다는 생각을 하기보다는 밥을 먹다가도 치우는 것이 당연하다고 여긴다. 아이들과 함께 생활하면서 힘들고 지쳐서 하루라도 빨리 아이들이 자라서 자유로운 시간이 오기를 바라지만 아이를 키우는 시간이 영원할 것 같은 느낌이 든다.

어른들의 이야기를 들어 보면 아이를 키울 때는 정말 힘들었지만, 지금 생각해 보면 그때가 아이들이 가장 예뻤고 행복했다고 한다. 그때는 평생 늙지 않을 것 같았는데 세월이 참 빠르다고 한탄한다. 그리고 지금은 나이를 먹었지만 예쁜 아이들을 키우는 젊은 사람들이 부럽다고 말하곤 한다.

나는 두 아이의 엄마다. 유치원에 다니는 소윤이와 어린이집에 다니는 수연이는 나의 소중한 아이들이다. 그러나 아이를 낳고 키우는 일은 '전쟁'에 비유할 만큼 정말 힘이 들고 어렵다. 때로는 막막하기도 하다. 여러 권의 육아교육서를 읽었지만, 현실은 생각했던 것과는 많이 달랐다. 세상의 모든 부모가 아이를 키우면서 겪는 일들을 나도 지금 겪고 있는 중이다.

두 아이를 키우다 보니 하루 종일 전쟁을 치르는 느낌이다. 장난감을 서로 가지고 놀려고 싸우며 우는 아이를 달래 놓으면, 또 다른 아이가 울기 시작한다. 어질러 놓은 거실을 치워 놓고 한숨 돌리고 있으면 또 다른 방을 엉망으로 만들기 일쑤다.

아이들과 놀아 주고 집 안을 정리하고 치우다 보면 하루가 어떻게 지나갔는지 모른다. 이렇게 하루를 보내고 나면 온몸이 아프지 않은 곳이 없다. 이럴 때면 '아이 키우는 것은 정말 힘들구나'

하는 생각이 든다. 사랑스럽던 아이들이 갑자기 미워지고 매사에 의욕이 없고 특별한 이유도 없이 화가 나기도 한다. 그러다가도 '내가 모성애가 부족해서 그런 건 아닌가?' 하는 생각이 들기도 한다. 동시에 '나는 정말 나쁜 엄마인가 봐' 라는 죄책감에 사로잡힐 때도 있다. 그러나 전쟁 같은 하루를 마치고 아무 일도 없었다는 듯이 천진난만한 표정으로 잠들어 있는 아이들을 보는 순간, 세상에서 가장 행복해진다.

나는 워킹맘이다. 초등학교에서 일반 행정업무를 담당하고 있다. 직장에서는 선생님들과 이야기할 기회가 많다. 평소에 나는 양육문제에 있어서는 나보다 학교 선생님들이 훨씬 나을 것이라고 생각했다. 어느 날 점심시간에 궁금한 것을 P 선생님에게 물어보았다.

"선생님은 아이를 가르치는 일을 하니까 집에서 아이들을 잘 키울 것 같은데요. 어때요?"

"다 똑같은 거 같아요. 학교 선생이라고 해도 별로 다를 게 없어요."

"에이, 설마 그럴 리가 있겠어요."

"어느 부분에서는 실장님보다 좀 더 나을지는 몰라도 아이 키우는 것은 다 마찬가지로 힘들어요. 아이들이 사고 치면 화가 나서 소리부터 지르게 된다니까요. 정말 전쟁이 따로 없어요."

“진짜예요?”

“네. 아이를 키우는 방법을 이론적으로는 잘 알지만 집에서는 잘 안되더라고요.”

부모 입장에서는 ‘아이가 잘 할 수 있을까?’라는 걱정과 불안함 때문에 일일이 알려 주고 지시하게 된다. 그 과정에서 아이의 능력을 믿지 못해 잔소리를 하고 혼내기도 한다.

부모에게 신뢰받지 못해서 자주 혼나고 잔소리를 듣고 자란 아이는 자존감이 낮아진다. 자존감이 낮아진 아이는 스스로를 믿지 못하게 된다. 자꾸 이런 생활이 반복되다 보면 아이는 어느새 세상이 무서워지고 두렵게만 느껴진다. 결국 아이는 다른 사람에게 의존하게 된다. 작은 일도 스스로 할 수 없다는 좌절감에 무엇이든 부모가 결정해 주는 대로 따르게 되는 것이다.

스스로 결정해 본 적이 없는 아이는 결국 다른 사람의 인생을 살게 된다. 아이들은 자신의 인생을 주도적으로 살아 나가야 하는데, 그때그때 주어지는 대로 생각 없이 살아가게 되는 것이다.

주도적인 아이로 자라게 하기 위해서는 부모가 어떻게 해야 할까? 아이를 너무 다그치지 말고 가끔씩은 우리 집에 놀러온 옆집 아이라고 생각해 보자.

JTBC의 〈비정상회담〉이라는 프로그램을 본 적이 있다. 거기에서 한국 사람들은 자식을 대부분 소유물로 생각하는 것에 비해 외국인들은 자식을 만나서 반가웠다는 느낌으로 대화를 하는 것을 보게 되었다. 너무나 충격이었다. 만나서 반가웠기에 언젠가는 헤어질 수도 있고, 집착을 내려놓을 수 있는 마인드가 신선했다. 과연 나도 소윤이와 수연이를 대할 때 그런 마음으로 행동할 수 있을지 생각해 보는 계기가 되었다.

한국의 많은 부모들은 좀 더 익숙한 정서를 선택해서 아이들을 키운다. 부모들은 아이를 소유물로 여기고 부모의 생각을 강요한다. 심지어 부모가 원하는 대학교를 보내고 직업까지 정해 주곤 한다. 아이를 위해서라지만 부모의 생각을 강요한 것에 지나지 않는다.

아이를 내 소유가 아니라 만나서 반가웠다는 마음으로 대하면 어떨까? 우리 집에 온 손님에게 간섭하는 사람은 없을 것이다. 그저 손님이 잘 지낼 수 있도록 필요한 것을 내어 주고 알려 줄 뿐이다. 이렇게 아이를 지켜보며 기다려 준다면 아이가 내 뜻대로 되지 않아도 조바심을 덜 느낄 것이다.

아이를 키우다 보면 때로는 아이에게 윽박지르기도 하고, 화를 내기도 한다. 아이의 존재가 버겁고 힘겹게 느껴질 때도 많다. 그럴 때마다 아이를 잘 키우겠다는 결심보다는 세상에서 가장 재미있고 즐거운 일이라고 생각해 보는 건 어떨까? 아마도 아이 키우는 것이 편하고 쉬운 일이라고 받아들이게 될 것이다.

아이는 나에게 온 손님이고, 손님처럼 쉬었다가 가는 존재라고 생각하면 쉽다. 아이를 다 키운 할머니의 마음처럼 손주를 대하듯이 마음의 여유를 갖고 아이를 키우도록 하자.

우리가 생각하는 것보다 아이와 함께 뒹굴고 뛰어놀 수 있는 시간은 짧다. 또한 아이가 엄마를 전폭적으로 믿고 의지하는 시간도 그리 길지 않다. 초등학교만 입학해도 엄마와 함께하는 시간이 부쩍 줄어든다. 아이가 커 갈수록 하루에 말 한마디도 하지 않는 날이 많아지며, 말이라도 붙이면 방문을 잠그고 들어가 버리기 일쑤다. 부모보다는 친구들과 보내는 시간을 더 좋아한다.

사춘기가 되어 말 한마디도 걸어 주지 않을 때 후회하지 말고, 아이들이 전폭적으로 믿고 따를 때 애착관계를 잘 형성해 놓자. 우리 엄마들이 언제 이렇게 전폭적인 믿음과 사랑을 받아 볼 수 있을까? 모든 것에는 다 때가 있다. 지나간 시간은 되돌릴 수 없다. 아이를 키우는 시간은 잠깐이니 지금부터라도 아이와 보내는 시간에 최선을 다하자.

육아,
아는 만큼 쉬워진다

무슨 일이든 조금씩 차근차근 해 나가면 그리 어렵지 않다.
- 헨리 포드 -

우리는 누구나 처음 부모가 된다. 육아에 대해 공부하는 과정 없이 부모가 되는 경우가 훨씬 많다. 준비되지 않은 상태에서 부모가 되어 버리는 것이다. 백지 상태에서 아이가 태어나면 하나하나 닥치는 대로 문제를 해결해 나가게 된다.

처음 부모가 됐을 때의 마음은 내 아이를 세상에서 제일 잘 키우고 싶은 열정으로 가득 찬다. 하지만 막상 아이를 키우다 보면 마음대로 되지 않는 경우가 많아진다. 가끔은 '내가 아이를 잘 키우고 있나?' 하는 의구심이 들 때도 있다. '나는 왜 아이를 키우는 일이 이렇게 어려울까?'라는 생각에 초심을 잃을 때도 있다.

나는 늦은 나이에 소윤이를 낳았다. 정말 행복했고 세상을 다

얻은 것 같았다. 그러나 행복도 잠시, 육아는 현실이었다. 처음에는 아이를 낳기만 하면 시간이 지나 저절로 크는 줄 알았다. 산후조리원에서 나오자마자 육아가 현실이라는 것이 실감 났다. 조리원에서는 도우미들이 아이를 돌봐 줘서 아이가 배가 고플 때만 수유를 하면 그만이었다. 그런데 집에 돌아오니 아이를 전적으로 혼자 돌봐야 했다. 어떻게 다루고 씻겨야 할지 난감했다. 키우는 방법을 잘 모르니 하루 종일 전전긍긍하면서 '혹시라도 아이가 잘못되면 어쩌나?' 하는 걱정으로 보냈다.

쉬지도 못하고 아이와 함께 하다보니 세상이 어떻게 돌아가는지도 모를 정도였다. 바깥세상에서 벌어지는 일들은 나와는 무관하게 느껴졌다. 가장 큰 문제로 다가온 것은 모유 수유였다. 적어도 6개월 정도는 모유를 먹여야 건강하게 자란다는 말을 들었다. 그래서 6개월까지는 완모를 하고 싶었다.

문제는 집에 온 지 며칠 지나지 않아서 발생했다. 아이가 계속 칭얼대는 것이었다. 모유를 먹여도 저녁 때만 되면 아이가 더 칭얼댔다. 나중에 알고 보니 모유량이 부족하여 아이가 배가 고파서 칭얼대는 것이었다. 결국 완전한 모유 수유를 하지 못하고 분유를 섞어 먹이기 시작했다. 나는 모유 수유를 완벽하게 하지 못했다는 생각에 죄를 지은 것 같은 기분이었다. 혹시라도 아이가 모유를 충분히 먹지 못하여 아프기라도 하면 어쩌나 걱정이 되었다. '다른 사람들은 모유량도 많아서 완모하는데 나는 왜 잘하는 것이

하나도 없을까?'라는 자책을 하면서 지냈던 것 같다.

나는 아이를 낳기 전에 육아에 대해 공부하지 않고 엄마가 되었다. 아이를 어떻게 먹이고 씻겨야 하는지 잘 몰랐다. 무엇보다도 나는 어렵게 낳은 아이를 내가 잘못하여 다치게 할까 봐 두려웠다. 매일 칫솔질을 해 줄 때도 무서웠다.

'어떻게 낳은 아이인데 다치면 안 되지'라는 생각에 잠들어 있는 아이의 숨소리를 들으면서 아이가 살아 있는 것을 확인하곤 했다. 아이의 발달 단계나 상황을 모르니 그저 답답했다. 모르는 것을 일일이 다른 사람에게 물어보기도 힘들었다.

나는 이 일을 계기로 육아에 대한 공부를 하기로 마음먹었다. 그동안 쌓아 두었던 육아교육서를 꺼내 읽기 시작했다. 책을 읽다 보니 그동안 육아를 너무 단순하게 생각하고 있었던 것 같았다. 다른 사람들은 아이를 낳고 다 잘 기르고, 쉽게 키우는 줄만 알았던 것이다. 그래서 시간이 지나면 저절로 잘되는 것이라고 생각했었다.

'남들도 다 하는 육아 나도 할 수 있다'는 엉뚱한 자신감 때문에 전혀 육아에 대한 공부의 필요성을 느끼지 못했었다. 하지만 막상 아이를 키우다 보니 미리 육아 공부를 하지 않았던 것이 후회됐다. 화초 하나를 키우더라도 전문가에게 배우는데 나는 세상을 바꿀 수 있는 아이를 키우면서도 책 한 권 읽지 않았다는 것이 부끄러웠다.

"엄마, 잘 안 돼."

"알았어. 엄마가 해 줄게!"

어린이집에서 돌아온 수연이가 점퍼를 벗으면서 징징거리기 시작했다. 자세히 보니 점퍼 지퍼를 잘못 내려서 벗겨지지 않는 것이었다. 나는 수연이가 괜히 짜증을 계속 낼까 봐 두려워 얼른 달려가 벗겨 주었다. 신발과 점퍼를 벗고 거실에 들어서자 수연이는 수박이 먹고 싶다고 졸랐다.

"엄마, 수박 먹고 싶어."

"우리 수연이가 수박이 먹고 싶구나. 그런데 어떡하지? 수박이 없는데….'

"수박 먹고 싶단 말이야. 지금 당장 사 와!"

"엄마가 무거워서 못 들고 오니까 아빠 퇴근할 때 사오라고 부탁하자."

"안 돼. 엄마 미워. 지금 먹고 싶단 말이야!"

수연이는 막무가내로 울기 시작했다. 아이의 울음소리는 점점 커졌다. 이럴 때는 아이에게 안 되는 이유를 아무리 설명해 봤자 통하지 않는다. 아이는 안 되는 것을 지금 당장 해내라고 요구한다. 아이가 계속 떼쓰면서 울음을 그치지 않자 슬슬 짜증이 나기 시작했다. '항상 왜 이럴까? 왜 이렇게 말이 안 통할까? 왜 기다릴

줄 모를까?'라는 생각이 들었다. 수연이는 조금만 마음에 들지 않
으면 징징거리고 해결될 때까지 울었다.

순하기만 하던 아이가 갑자기 떼쟁이가 되었을 때는 정말 당황
스러웠다. 도대체 어떻게 해야 할지 몰라서 힘들었다. 아이에게 다
가가 안아 주려고 해도 싫다고 하고, 말을 걸어도 거부했다. 내가
그 자리에서 벗어나면 또 난리가 나는 상황이 반복됐다. 아이가
짜증을 낼 때마다 정확한 이유를 알 수 없어서 더욱 답답해졌다.

갑자기 아이를 키우는 것이 낯설고 어렵게만 느껴졌다. '내가
지금 아이를 잘 키우고 있나?'라는 의구심이 들었다. '뭘 어떻게
해야 아이를 잘 키울 수 있을까?'라는 고민을 하면서 더 많은 육
아서를 읽었다.

육아를 공부하다 보니 아이가 떼를 쓰는 것이 발달 단계의 한
과정이이라는 것을 알게 되었다. 자아형성 과정에서 발생하는 지
극히 자연스러운 현상일 뿐이라는 것을 알게 된 것이다. 떼쓰는
것은 아이가 정상적으로 자라나고 있다는 증거였다.

아이가 어려서는 움직이지 못하다가 점차 혼자 움직이고 자신
의 의견도 말할 수 있게 된다. 그렇게 신체적으로 발달하면서 아
이가 마음대로 할 수 있는 것이 늘어나 행복한 상황에서 엄마가
못하게 하니 좌절과 동시에 분노감이 생겨 떼를 쓰게 되는 것이
다. 아이의 뇌가 아직 발달하지 못했기 때문에 감정을 조절하지

못하고 그대로 분노를 표출하는 것이 떼쓰기다.

이렇게 아이의 발달 과정을 잘 알면 아이가 왜 이런 행동을 하는지 쉽게 알 수 있다. 정상적인 발달 과정을 제대로 알고 있으면 육아가 쉬워진다. 아이가 아무리 힘들게 해도 발달 과정상 예측 가능한 일이기에 마음의 여유를 가지고 대처할 수 있게 된다. 이것이 바로 엄마가 공부해야 하는 이유다.

아이의 발달 단계나 성향을 알지 못하면 아이가 왜 떼를 쓰고 우는지 몰라 힘들어진다. 엄마는 짜증나서 아이를 때리고 윽박지르게 된다. 하지만 육아서를 보고 공부하다 보면 우리 아이에게 맞는 방법을 적용할 수 있다.

육아에 있어 아이의 성향도 중요하지만 엄마도 공부가 필요하다. 육아는 아이와 함께 성장해 나가는 과정이기 때문에 아이의 성장발달에 맞춰서 공부해야 한다.

엄마의 공부는 육아의 기본이다. 이렇게 공부를 하면서 시간을 보내다 보면 어느 순간 육아에 대한 자신감이 생기게 된다. 육아는 아는 만큼 쉬워진다. 엄마의 전공이나 직업에 상관없이 내 아이를 키우는 일만큼은 엄마 스스로 전문가가 되어야 한다. 육아전문가가 된 엄마를 보며 아이 역시 자신감을 가진 아이로 자라나게 될 것이다.

육아에도
기술이 필요하다

노(no)를 거꾸로 쓰면 온(on)이 된다. 어떤 문제든 반드시 푸는 열쇠가 있다.
– 노먼 빈센트 –

"우리 아이에게 뭐 한 가지 시키려면 한 번 말해서 안 돼요. 아침에 바빠 죽겠는데 느려 터졌어요. 최소 세네 번 말해도 할까 말까예요."

"우리 아이도 마찬가지예요. 정말 하다 하다 안되면 결국에는 내가 화가 나서 큰소리를 지를 때가 많아요."

"도대체 다른 엄마들은 어떻게 할까요?"

며칠 전 놀이터에 아이들을 데리고 나가서 놀다가 이런 대화를 듣게 되었다. 대화의 내용은 대부분의 엄마들이 겪는 문제 중의 하나일 것이다. 아이를 행동하게 만들기까지는 많은 시간이 걸린다. 한 가지 하는데 몇 번이나 잔소리를 해야 되는 상황에 엄마들은 힘들다고 한다. 아이들에게 무슨 행동을 요구하면 실행하려는 의지도 없고 시간이 많이 있는 것처럼 천천히 한다. 그래서 결국에는 엄마가 화를 내는 경우가 많다.

아이들은 거실과 방을 온갖 장난감들로 지저분하게 만들어 놓곤 한다. 엄마는 아이들에게 가지고 놀았던 장난감을 좀 정리하라고 소리 지르며 잔소리를 해도 아이들은 들은 척도 하지 않는다. 밥을 차려 놓고 밥 먹자고 몇 번을 불러도 바로 먹으러 올 때가 거의 없다. 또 잠자기 전에 양치질을 한번 하려고 해도 아이들의 반응이 없어서 힘들다.

부모가 시켜도 행동하지 않는 아이들에게 어떤 방법이 효과적일까? 도대체 엄마들이 어떻게 해야 아이들이 행동할까?

나도 아이들에게 한 가지 행동을 하게 하려면 아주 여러 번 하라는 말을 반복해야 겨우 할 때가 많았다. 한 번 말했을 때 아이들이 바로 행동하면 좋겠다는 생각을 자주 했다. 특히 밥 먹을 때와 자기 전에 씻을 때 너무 힘들었다.

나는 육아서에서 해답을 찾을 수 있었다. 아이들이 한참 장난감에 빠져 놀고 있을 때 갑자기 밥을 먹으라고 하면 더 놀고 싶어 한다. 그래서 조금만 놀다 가야지 생각하지만 엄마는 기다리지 못하고 아이를 혼내게 된다. 이럴 때 엄마는 아이가 놀고 싶어 하는 마음을 알아주고 조금 여유로운 마음으로 아이를 기다리는 것이 좋다. 그리고 무슨 행동을 시키기 전에 먼저 제한 시간을 두는 것도 방법이다. 언제 밥을 먹을 건지, 언제부터 잠자리에 들어갈 것인지 미리 알려 주면 더욱 좋다. 갑자기 밥 먹으라고 말하는 것보다 아이들에게 미리 알려 주면 밥 먹을 것을 계속 생각하면서 놀게 된다. 그래서 더 빨리 행동으로 연결될 수 있다. 약속한 시간이 되면 아이에게 놀이를 끝내야 한다고 말해 주면 된다.

"소윤아, 빨리 밥 먹어. 지금 늦었잖아!"
"빨리 안 먹으면 치운다!"
바쁜 아침, 소윤이는 TV만 보고 아침밥은 뒷전이다. 결국 답답한 마음에 소리를 치는 건 나다. 아침밥을 먹일 때마다 전쟁 같다. 아침부터 혼내고 보내는 것도 속이 상한다.

소윤이는 편식이 심해서 먹는 것이 제한되어 있고 먹는 속도도 많이 느리다. 그나마 먹는 것이라고는 김이나 계란, 삼겹살, 미역국 정도다. 먹는 것이 한정되어 있다 보니 잘 자라지 않을까 봐 걱정도 된다. 엄마의 마음은 아이에게 하나라도 더 먹이고 싶다. 그래서 밥을 먹을 때마다 윽박지르기도 하고 달래 보기도 한다. 하지만 별 진전이 없다.

다른 방법이 없을까 고심하던 어느 날 소윤이가 놀이동산에 가고 싶어 한다는 것을 알게 되었다. 아직 어려서 놀이기구를 타려면 신장 제한에 걸려 타지 못하는 경우가 많다. 빨리 키가 커서 놀이동산에 가고 싶다는 소윤이에게 나는 먹기 싫다는 음식 앞에서 이렇게 이야기해 보았다.

"소윤아, 이 음식을 먹으면 키가 많이 커진대. 한번 먹어 볼래?"

"그래? 이걸 많이 먹으면 정말 키가 커져?"

"그럼! 얼른 커서 놀이동산 가고 싶지?"

"응. 키 많이 커서 놀이기구 다 타고 싶어!"

"이거 먹고 얼른 키 커서 놀이동산 가자."

아이의 마음을 알아주니 먹기 싫어하던 음식도 결국은 먹게 되었다. 항상 잘 먹지 않아 걱정이었는데, 소윤이의 마음을 공감해 주자 결과가 좋아진 것이다.

엄마는 바쁘더라도 조급함을 버려야 한다. 그리고 아이의 마음을 알아주려고 노력해야 한다. 아이에게 화내고 소리 지르는 것은 오히려 아이와의 관계만 더 나빠지게 할 뿐이다.

아이의 입장에서 생각해 보고 무엇을 좋아하는지 알아보자. 아이가 좋아하는 것과 싫어하는 것을 묶어서 하나의 행동패턴을 만들면 움직일 확률이 높다. 결국 모든 것이 아이의 마음을 알아주는 것에 답이 있다.

잘 시간이 되어 아이들에게 씻으러 가자고 말했지만 아이들은 놀이에 빠져 들은 척도 하지 않았다. 몇 번이나 큰소리로 말해도 꼼짝하지 않자, 나는 아이들이 좋아하는 숨바꼭질 놀이를 시작했다.

"애들아, 우리 꼭꼭 숨어라 하자. 하나, 둘, 셋… 열!"

"잠깐만, 엄마 나 얼른 숨을게!"

숫자를 세자마자 아이들이 정신없이 움직이기 시작했다. 안방에 있는 옷장으로 숨었다가 내가 찾아내자 까르르 웃어댄다. 한바탕 웃은 뒤 화장실로 가서 즐겁게 씻고 하루를 마무리한다.

"목욕하고 책 읽을까? 아니면 책 읽고 나서 목욕할까?"

"숨바꼭질하고 양치질할까? 아니면 양치질하고 숨바꼭질할까?"

"점프하고 씻을까? 아니면 씻고 점프할까?"

아이들이 하기 싫어하는 것을 좋아하는 것과 연계해서 하다보면 움직이기 시작한다. 아이들의 마음을 공감해 주면 닫혔던 마음의 문이 열리게 된다. 엄마가 아이의 입장에서 바꿔 생각할 수만 있다면 대부분의 육아문제는 해결될 것이다.

아이들의 마음을 알아주고 공감해 주는 것은 매우 중요하다. 아이도 자신의 진짜 마음을 알게 되기 때문이다. 공감은 부모의 관심이 아이의 마음에 있다는 것을 아이에게 알려 주는 것이다.

아이가 좋아하는 행동과 싫어하는 행동을 하나로 묶어서 행동하게 해 보자. 아이를 행동하게 하기 위해서는 당근과 채찍을 제대로 활용할 줄 알아야 한다. 육아에도 기술이 필요한 이유다.

육아는
'전투'가 아니라 '놀이'다

"여자아이들이라서 싸우지 않고 잘 놀죠?"

"네. 그런대로 괜찮아요."

"우리 애들은 남자아이들이라서 그런지 정말 힘들어요."

"남자아이들은 잠시도 가만히 있지 못한다고 하더라고요."

"네. 날마다 전쟁터가 따로 없어요. 맨날 뛰어다녀서 아래층에서도 싫어해요."

"정말 힘드시겠어요."

"아이들이 빨리 컸으면 좋겠어요. 그보다 먼저 하루라도 탈출해서 혼자 시간을 보내고 싶네요."

동네에서 자주 보는 아이의 엄마가 하루는 이렇게 말을 꺼냈다. 아들만 두 명인 아이 엄마는 너무 힘들다고 했다. 나는 아들 두 명을 키우려면 엄마가 태권도 사범처럼 무섭게 변해야 한다는 말을 들은 적이 있다. 그만큼 다루는 것이 쉽지 않다는 뜻이다. 그야말로 남자아이 2명을 키우면 날마다 전투하러 전쟁터에 나가는 느낌일 것이다. 아이 엄마는 전쟁 같은 일상에서 하루라도 탈출하고 싶다고 하소연했다.

아이를 키우다 보면 "육아는 정말 힘들다."라는 말이 저절로 나온다. 아이를 키우는 엄마라면 하루에도 수십 번씩 갈등을 하게 된다. 아이들에게 잘해 줘야지 하다가도 막상 문제가 생기면 아이들을 무작정 혼내고 닥달하게 된다. 또 아이들에게 화를 내고 분에 못 이기는 경우에는 결국 아이의 엉덩이나 등을 한 대 때리게 될 때도 많다. 그러면서 '과연 내가 엄마 자격이 있나?', '아이들이 나를 동화책에 나오는 새엄마처럼 생각하면 어쩌지?'라는 생각을 하게 된다. 잘해 줘야지 하다가도 막상 아이들과의 관계에서는 문제가 생기고 제대로 되는 것이 없다.

이대로 살다가는 정말 무슨 일이 생길 것 같은 느낌이 든다. 심한 우울증을 느끼면서 만사가 다 귀찮아진다. 그러면서 아이들 없는 곳에서 제발 하루라도 마음 편하게 시간을 보내는 것을 꿈꾼다. 그러면 에너지가 충전되어서 더 육아를 잘할 것 같은 기분이다.

엄마도 엄마이기 이전에 사람이다. 또한 엄마이기 이전에 여자다. 엄마도 힘들면 쉴 수도 있고 에너지를 충전하고 마음을 다스릴 시간이 필요하다.

월요일 아침 나는 출근해서 커피 한잔을 타서 사무실 책상에 앉는다. 육아와 집안일로 힘든 주말과 폭풍 같은 아침이 지나고 모처럼 찾아온 여유로운 시간이다. 커피를 마시면서 '오늘 아침에 내가 아이들에게 무슨 말을 했나? 혹시 아이에게 너무 심하게 말하지 않았나?' 하는 생각을 한다.

아이들에게 미안한 마음이 들 때면 '오늘 오후에 아이를 만나면 잘해 줘야지'라고 다짐한다. 하지만 집에 있으면 시간이 너무 빨리 지나가는 것 같아서 마음이 안정되지 않고 여유가 생기지 않는다. 모든 일에 자꾸 서두르게 된다. 여기를 둘러봐도 내가 할 일이고 저기를 봐도 내 손이 거치지 않는 곳이 없다. 출근 시간에는 한정된 시간에 아이도 챙기고 출근 준비도 해야 해서 아이들에게 자꾸 재촉하는 경우가 많다. 아이가 아프기라도 하는 날이면 병원도 가고 약도 챙겨야 하니 더 분주해지고 정신없어진다. 날마다 전투 같은 일상의 연속이다. 나도 일상에 지쳐서 '언제 이런 생활이 끝날까?'라는 생각을 자주 하게 된다. 그러면서 하루라도 마음 편하게 보내고 싶어진다.

일과 육아를 병행하다 보니 집 안 정리를 제때 하지 못한 적이 많았다. 어지럽혀진 집 안을 볼 때마다 내 마음도 힘들었다. 아이들에게 나쁜 영향을 줄까 봐 걱정 되었기 때문이다. 그런데 책을 읽다 보니 집안이 너무 정리 되어 있으면 아이들의 창의성 형성에 좋지 않다는 내용을 보고 안심하게 되었다. 전에는 퇴근 후 정신없이 설거지를 하는 것으로 시작해서 설거지로 하루를 마감하는 날이 많았다. 이렇게 집안일을 하다 보면 아이들과 놀아 줄 시간이 없어진다. 집안일은 내가 하지 않으면 누가 대신해 주지 않기 때문에 되도록 빨리 처리하고 아이들과 놀아 주려고 하지만 마음처럼 쉽게 되지 않는다. 결국 집안일만 하다가 아이들을 재워야 할 때가 많았다. 그래서 나는 아이들에게 잘해 주지 못한다는 죄책감을 느끼면서 살아왔다.

"아이들이 정말 예뻐요. 지금이 가장 예쁠 때입니다."
"아이 키울 때는 힘들어도 제일 행복한 시간이에요."
"정말 부러워요. 아이들이 크니까 우리랑은 말도 안 해요."

가끔 엘리베이터 안에서 만난 사람들이 우리 아이들을 보면서 이렇게 말하곤 한다. 아이를 다 키운 사람들의 말이니 믿어 봐야겠다고 생각했다. 아이를 키우는 일이 이왕 해야 할 일이라면 세상에서 가장 재미있는 일이라고 생각하면서 즐기며 살자고 마음먹었다. 아이들의 시선으로 아이들과 놀다 보니 생활도 즐거워졌다.

사실 생각을 바꾸기 전까지는 아이들이 부담스러울 때도 많았다. 또 아이들이 꼭 내가 가고자 하는 길의 장애물처럼 느껴지기까지 했다. 그러나 관점을 바꾸니 마음가짐도 변화되어 힘들게만 느껴졌던 생활에 활력소가 생겼다. 날마다 전쟁 같던 일상에서 벗어나 놀이로 즐거운 육아를 할 수 있게 되었다. 아이가 다 클 때까지는 아직 시간이 많이 남았지만 다시는 돌아오지 않을 시간이라고 생각하고 소중히 여기게 된 것이다.

육아는 마라톤이다. 그것도 하루 이틀 만에 끝나는 것이 아니라, 최소 20년을 내다보고 가야 하는 장기전이다. 그렇기에 항상 마음의 여유를 가져야 한다. 아이를 너무 완벽하게 키우려고 하면 쉽게 지치게 된다.

육아라는 마라톤을 완주하려면 천천히 꾸준하게 달려가는 것이 중요하다. 처음에 너무 무리해서 에너지를 다 써 버리면 힘들어진다. 시간 안배를 잘 해서 끝까지 아무 사고 없이 완주만 하면 된다. 그러기 위해서는 완벽한 엄마가 되겠다는 욕심과 내 아이를 최고로 키우겠다는 욕심을 버려야 한다. 좌충우돌 아이를 키우면서 배우고 경험하며 진짜 엄마가 되어가겠다는 마음으로 육아에 임해야 한다. 이 과정에서 엄마는 육아전문가로 성장하게 된다. 아이가 나를 전문가 수준의 엄마로 만들어 준 고마운 존재라고 생각해 보자.

모든 것은 마음먹기에 달려 있다. 공부도 일도 아이를 키우는 것도 어차피 해야 한다면 재미있는 일이라고 생각하자. 세상에서 가장 쉽고 재미있는 놀이로 생각하면 육아는 쉬워진다. 아이들과 함께하는 일상은 전투 같지만 놀이로 생각하는 발상의 전환을 할 수 있다면 육아는 전투가 아니라 놀이가 된다. 놀이가 되면 육아가 즐겁고 행복해진다.

완벽한 부모보다
현명한 부모가 되라

많은 부모들이 아이를 위해서라면 자신을 포기하면서까지 헌신하고자 한다. 아이가 원하는 모든 것을 완벽하게 해 주려고 애쓴다. 부모가 모든 것을 해 주려는 아이는 점차 의존적으로 변한다. 아이를 위해서라면 부모는 가정부가 되었다가 운전기사가 되고, 선생님이 되는 것이 일상이 되어 버렸다. 이는 대부분의 부모들이 아이들에게 헌신하는 것이 사랑이라고 착각하기 때문에 일어난 현상이다.

"아침이야. 일어날 시간이야."
"엄마, 나 엄마 머리 만지고 싶어."
"그래. 5분만 같이 누워 있다가 일어나자."

얼마 전까지도 나는 아이들이 요구하는 것은 모두 들어주는 엄마였다. 아이들이 아직 어려서 아침에 깨우는 시간부터 일어나기까지 많은 시간이 걸린다. 아이가 일어나기 싫다면서 짜증을 내며 하루가 시작된다.

첫째 소윤이는 일어나기 전에 엄마와 같이 누워서 엄마의 머리를 만지며 십 분 정도 같이 누워 있어야 일어난다. 아침에 아무리 늦어도 그런 시간을 갖기를 원한다. 나는 어쩔 수 없이 잠깐 누워 있어 준다. 그리고 아이가 일어나면 바로 밥을 준비해서 먹인다.

아침에 출근을 해야 하기에 급한 마음에 아이들에게 밥을 떠먹여 줬다. 그랬더니 버릇이 돼서 스스로 먹을 생각을 하지 않았다. 입 안에 밥을 두고 씹을 생각도 하지 않고 그냥 앉아만 있다는 것이다. 아이들은 그저 내가 먹이고 씻기고 옷 입혀서 시간 내에 유치원에 보내고 어린이집에 보내는 것에 익숙해져 있었다. 그렇게 해야 우리 부부도 출근할 수 있으니 당연하게 생각했다.

퇴근 후 아이들을 데려오면 또 같은 과정이 되풀이된다. 수연이는 어린이집에서 나오자마자 안아 달라고 조른다. 소윤이는 "왜 이렇게 늦게 왔어? 내일은 더 빨리 와."라고 말한다. 집에 와서 아이들에게 저녁밥을 먹이고 설거지를 하고 나면 하루가 다 지나간다. 결국 나는 피곤해지고 만사가 귀찮아진다. 이런 일상생활이 반복되다 보니 가끔 짜증이 나기도 했다.

처음 엄마가 되었을 때의 행복한 모습은 어디로 가고 일상생활에 지친 엄마의 모습만 남았다.

아이가 태어난 후 나는 아이들에게 무조건 잘해 줘야 겠다고 다짐했다. 그래서 아이들이 놀다가 방을 어지럽혀도 정리하라는 말을 하지 않았다. '아직 아이들이 어린데 나중에 크면 정리를 잘하겠지'라고 생각했다. 장난감을 가지고 논 후에도 정리 정돈하는 법을 알려 주지 않았다. 내가 정리하던지 시간이 없으면 그대로 놔두곤 했다. 그랬더니 어느 날 아이들이 "나는 힘들어서 못해. 정리는 엄마가 해."라고 말하는 것이었다. 내가 아이들을 무책임하게 자라게 한 것 같아서 씁쓸했다. 아이들을 돌보고 끊임없이 이어지는 집안일에 지친 나는 결국 무조건적인 사랑에 빠진 사람이었던 것이다.

우리나라 40~50대의 엄마들은 아이가 대학생이 되어도 여전히 아이를 위해 많은 일을 한다. 방 청소를 비롯하여 식사 준비 및 빨래까지 안 해 주는 것이 없을 정도다. 그래서인지 요즘 아이들은 자기 스스로 할 줄 아는 게 없다.

집 안에서는 시녀처럼 도와주는 엄마 덕분에 아이들은 고생을 하지 않고 생활할 수 있다. 그렇지만 집 밖으로 나가서 한없이 무능한 아이들이 된다면 아무리 공부를 잘해도 무슨 소용이 있을까? 부모들은 아이가 어렸을 때부터 공부만 잘하면 그저 좋아서 뭐든지 다해 주려고 노력했다. 아이가 공부한다고 하면 부모는 기뻐하면서 아이가 해야 할 일을 대신 처리해 준다. 공부만 잘한다면 아이의 짜증을 귀여운 응석으로 받아들이는 요즘 부모들이 우리 아이들을 무능하게 만든 것이다.

요즘은 대학교를 졸업하고 스펙을 쌓아도 취업이 아주 어렵다. 이런 상황에서 조금만 노력해 보다가 취업이 안 되면 바로 포기하는 젊은 사람들이 많다. 집에서 쉬면서 부모에게 기대서 생활하는 것이다. 집이라는 울타리 안에서는 가만히 있어도 모든 일이 다 해결된다. 왜냐하면 모든 것을 해결해 주는 부모가 있기 때문이다.

"여기 가져왔다. 먹어 봐라."

"엄마, 이건 먹기 싫어. 다른 음식 좀 가져와."

최근에 샐러드 바가 있는 음식점에 갔다. 한참 맛있게 먹고 있는데 옆 테이블에서 이런 대화가 들렸다. 엄마와 딸로 보였는데, 딸은 자리에 가만히 앉아 있고 엄마가 계속 음식을 가져왔다. 딸이 또 다른 것이 먹고 싶다고 하면 엄마가 일어나서 가져다주었다. 또 가져온 것이 마음에 들지 않는다고 말하면 또 다른 음식을 가져왔다. 먹을 사람이 먹고 싶은 음식만 직접 가져다 먹어야 남는 음식도 적은데 먹지 않으니 버려지는 음식들이 많았다. 그렇게 음식 접시가 테이블에 여러 개 쌓였다. 딸은 엄마를 마치 하녀처럼 생각하는 것 같았다. 그렇게 대하는 것이 당연하다는 표정이었다.

나는 이 모녀를 보면서 안타까운 생각이 들었다. 엄마가 어렸을 때부터 너무 오냐오냐하면서 모든 것을 다 해줬기에 이런 결과를 낳은 것이다. 또 아무것도 하지 말고 공부만 잘하면 된다는 부모의 태도에 대한 결과이기도 하다. 이렇게 자란 아이들은 어른이 되어도 모든 것을 부모가 해 주기를 바란다. 어려움을 모르고 그저 편하게 살려고만 하는 사람이 된 것이다.

부모가 모든 것을 챙겨 주는 것은 헌신적인 사랑이 아니다. 결국에는 부모의 이런 태도가 아이의 자립심을 키워 주지 못한 것이다.

우리나라 부모들은 완벽한 부모가 되어야 한다는 생각으로 아이들을 희생시키고 있다. 결국에는 아이를 위한 부모의 노력이 아이를 무능하게 만든다. 부모의 과잉보호로 아이의 자립심 발달이 늦어져 스스로 일을 처리하는 능력을 몸에 익히지 못하게 될 것은 분명한 일이다.

아이가 막 걷기 시작할 무렵, 처음에는 자꾸 넘어지고 일어서는 것을 반복한다. 아이는 2,000번 이상 넘어지고 일어나기를 반복하면서 걸음마를 익힌다고 한다. 이런 과정에서 결국에는 균형을 잡게 되고 혼자서 걸을 수 있게 된다.

이때 아이가 넘어지는 모습을 보는 부모는 안타까움을 느낄 것이다. 그러나 넘어지는 아이가 안타까워서 부모가 아이의 손을 잡아주거나 아이를 일으켜 준다면 어떻게 될까? 아이는 혼자 걸을 수 있게 될 때까지 더욱 긴 시간이 걸리게 될 것이다. 뿐만 아니라, 나중에는 넘어져도 혼자 일어나려고 하지 않고 부모가 도와주기를 바라게 된다. 계속 아이를 도와주다 보면 아이는 가장 기본적인 걷기조차 못하게 될 것이다.

부모는 아이가 어느 정도 위험한 일에 빠지더라도 그것을 극복할 수 있는 능력을 키울 수 있도록 도와줘야 한다. 작은 것이라도 성공 경험을 많이 쌓아야 사회적응력이 높은 사람으로 자라날 수 있다.

완벽한 부모는 아이를 위해서라면 그 무엇이든 할 각오가 되어 있다. 자녀를 위해 모든 일을 대신 해 주고 요구하는 것은 다 들어주려고 노력한다. 아이를 연약하고 불완전한 존재로 여기고 과잉보호하기도 한다. 부모의 이런 행동이 아이에게 자신감과 자립심을 길러 주지 못하는 것이다.

현명한 부모는 아이를 인격적으로 대해 주고 모든 일에서 아이 스스로 결정하게 한다. 이렇게 아이에게 결정할 수 있는 기회를 주어 아이가 책임감과 자신감을 가질 수 있도록 도와준다. 조력자로서 아이에게 최소한의 도움만 주는 것이다. 이런 부모의 태도는 아이가 적극적인 자세로 문제를 해결할 수 있는 자립성을 키워줄 수 있다.

아이들에게 일일이 간섭하고 명령하는 완벽한 부모보다는 아이가 문제를 혼자 해결할 수 있도록 도와주는 현명한 부모가 되자. 부모는 아이에게 살아가면서 일어나는 모든 문제에 부모의 도움이 없어도 씩씩하게 자기 삶을 살아갈 수 있다고 믿음을 주어야 한다. 시간이 없다고, 아이가 해결하는 것이 느리다고 대신해 주어선 안 된다.

현명한 부모로 거듭나고 싶다면 언제든지 나의 휴대전화인 010.8872.2678번으로 연락하라. 아이가 혼자 할 수 있도록 돕는 방법을 전수해 주겠다. 아이를 잘 키우는 것은 부모가 마음먹기에 달려 있다. 부모가 현명하게 아이들에게 자립심을 키워 주면 아이들에게 눈부신 미래가 찾아올 것이다.

미운 세 살,
한 대 쥐어박고 싶은 일곱 살

빨리 듣고, 느리게 말하고, 더디 분노하라.
– 〈야고보서〉1:19 –

"태희가 세 살이 되더니 뭐든지 자기가 하려고 해요. 말도 안 듣고 자꾸만 '내가 할 거야. 내가!' 하면서 자기 마음대로 하네요."

"미운 세 살이라는 말도 있잖아요. 지금 태희가 그 시기인가 봐요."

"하루도 조용한 날이 없네요. 내가 보기에는 태희의 행동이 너무 어설프게 보여서 다 해 주고 싶어요."

지인 A는 요즘 아이 때문에 힘들다고 말한다. 아이가 세 살이 되고 나서 자기가 혼자 하고 싶어 하고, 자기주장이 강해져서 말을 듣지 않으려고 하기 때문이다.

아이가 세 살이 되면 하루도 조용한 날이 없다. 세수할 때도 혼자 세수한다고 해서 옷이 다 젖고, 밖에 나갈 때는 혼자 신발을 신는다며 짝짝이로 신는다. 혼자 우유를 따르다가 방바닥에 흘리기도 하고, 밥을 먹으면서 온 집 안을 난장판으로 만들기도 한다. 결국 화가 난 엄마는 소리치게 된다.

"엄마가 해 줄게. 이리와."

"싫어, 내가 할 거야. 내가."

엄마가 보기에는 아이가 잘하지도 못하면서 혼자 하겠다고 하니 짜증이 난다. 아직 아이의 행동이 미숙하고 말도 서툴러서 어설프게만 보일 것이다. 가끔은 '내가 대신 해 주면 집도 엉망이 되지 않고, 빨리해서 좋을텐데'라는 생각이 들면서 아이가 미워지기까지 한다.

막 태어난 아이였을 때는 몸을 마음대로 움직이지도 못하는 상태였다. 다른 사람이 도와주지 않으면 아무것도 할 수 없는 답답한 시기를 보낸다. 그랬던 아이가 세 살이 되면서부터 몸을 움직일 수 있고 간단한 말로 자기 마음을 표현할 수도 있게 된다.

세 살이 되면 아이는 자의식이 강해진다. 그래서 엄마의 도움을 받지 않고 혼자 하고 싶어 한다. 아이는 뭐든지 스스로 하려고 애쓴다. 이 시기의 아이들이 가장 많이 하는 말은 "내가 할 거야."와 "싫어."라는 말이다. 아이는 이렇게 단순한 말 두 가지로 모든 것을 하려고 한다. 실제로 이 두 가지 말은 엄청난 힘을 가지고 있다. 이제는 하고 싶은 것을 자기 스스로 해 보겠다는 의지가 포함되어 있기 때문이다.

엄마의 눈으로 보면 뭐 하나 제대로 할 줄 아는 것이 없는데도 아이는 직접 하겠다고 고집을 부린다. 미운 세 살은 스스로 행동하려는 욕구가 강한 시기다. 몸과 생각이 커진 아이는 "싫어."라는 말을 자주 하는데 이는 엄마를 싫어하는 것이 아니다. 아이에게 자아가 생기는 과정이다. 그런데 이때 엄마들은 아이가 갑자기 고집이 세지고 떼가 늘었다고 생각하기 쉽다. 아이가 고집이 세져 버릇이 잘못 들면 나중에 고치기 어렵다고 여겨 아이를 혼내거나 때려서라도 버릇을 고치려고 한다. 엄마는 아이가 잘 하지도 못하는데 고집을 피우면서 스스로 하려고 하는 것이 마음에 들지 않기 때문이다.

엄마에게는 아이의 행동이 서툴러 보인다. 그래서 자신이 대신해 주는 것이 편하다고 생각한다. 엄마가 자꾸 해 주면 아이는 더 이상 자라지 못하게 된다.

심리학자 에릭슨은 아이가 세 살일 때 '자율성'을 키우는 가장 중요한 시기라고 말한다. 자율이란 내가 하고 싶은 대로 누구의 구속도 받지 않고 해 보는 것이다. 세 살은 무엇이든 스스로 하기 시작하는 나이다. 이때 엄마가 나서서 아이 대신 다 해주면 시간이 단축되고 집 안은 지저분해지지 않을 것이다. 그러나 아이가 스스로 해 볼 수 있는 기회는 사라지고 만다.

아이를 자율성 있는 사람으로 키우려면, 뭔가 모자라는 아이의 행동에도 웃으면서 반응해 주는 엄마가 되자.

일곱 살 된 소윤이가 동생 수연이와 손을 씻으러 화장실에 갔다. 올 시간이 지났는데 아이들이 오지 않자 나는 화장실에 가 봤다. 그랬더니 세면대에 물을 가득 담아 놓고 손세정제를 양치컵에 가득 따라서 거품을 만들어 놨다. 또 새로 산 손세정제 뚜껑을 열고 통에 물을 가득 채우고 놀고 있었다. 그 모습에 화가 나서 가만히 있을 수가 없었다. 나는 아이들에게 큰소리를 내면서 야단치기 시작했다.

"소윤아, 너 뭐하니? 당장 그만두지 못해!"

소윤이는 처음엔 왜 그러는지 몰라서 눈치만 보고 있다가 엄마가 화난 표정을 보고 금방 기가 죽었다. 나중에 소윤이의 이야기를 들어 보니 손을 씻다가 수연이와 거품 놀이를 하고 세면대 청소를 하고 컵을 씻고 싶었다고 했다. 세면대와 컵을 씻으면서 거품이 세면대 구멍을 통해 내려가는 모습이 너무 재미있어서 더 많이 하고 싶었다고 했다. 그러나 내가 크게 소리 지르면서 혼내는 바람에 소윤이의 순수한 호기심과 창의적인 행동은 없어지고 말았던 것이다.

에릭슨은 일곱 살 이전이 아이의 주도성을 키우는 데 가장 결정적인 시기라고 말한다. 결정적인 시기란, 아이의 능력은 어떤 계획과 순서에 의해 지속적으로 변화해 가는데, 그 가운데 어떤 특성이 차별화되어 매우 급속하게 발달하는 것을 말한다.

일곱 살 아이는 주도성이 생겨서 어디든지 잘 뛰어다니고 생각하는 능력도 발달하기 시작한다. 주도성이란 아이가 자신과 주변에 대해 책임감을 가지고 주인이 되어 이끌어 가려는 태도다. 일곱 살이 된 아이는 스스로 생각하고 목표를 설정해서 문제를 탐색하려는 시도를 한다. 그렇기 때문에 이 시기의 아이는 혼자서 뭔가를 상상하고 해 보려고 한다. 아이의 이런 행동을 '또 일을 벌렸구나 정말 귀찮아'라고 생각하면 안 된다. 아이는 이런 과정에서 창의성이 생기고 자기 주도적인 아이로 자라나게 된다.

유아기에는 발달과정에서 꼭 획득해야 할 결정적인 시기가 있다. 아이들은 결정적인 시기를 거치면서 자발적인 행동을 하고 주도적인 존재로 성장하게 된다. 세 살 아이는 이 시기에 자율성을 획득해야 한다. 스스로 말을 하고 작은 행동을 시작하는 나이에 작은 성공 경험이 쌓이면서 아이에게 자신감이 생긴다. 세 살 아이가 밉더라도 엄마는 기다려 줘야 한다.

일곱 살 아이는 이 시기에 주도성을 획득해야 한다. 일곱 살 이전은 부모와의 경험을 통해 사회성이 발달되는 중요한 시기다. 한 대 쥐어박고 싶은 일곱 살이라고도 하는 이 시기에 아이는 자신이 놀이를 주도하는 과정에서 많은 것을 배울 수 있다. 아이들은 이 결정적인 시기를 거치면서 자발적인 행동 속에서 주도적인 존재로 성장하게 될 것이다.

미운 세 살, 한 대 쥐어박고 싶은 일곱 살 아이들을 키우는 엄마의 자세는 무조건 참아 주고 기다려 주는 것이다. 매 순간 아이들과 함께하다가 죽을 것 같이 힘들어도 결국은 다 지나가게 마련이다. 나중에 생각해 보면 그래도 그 시절이 정말 행복했다는 생각이 들 것이다.

아이에게 완벽함을 기대하지 말자. 행동이 조금 서툴더라도 지켜봐 주고 기다려 주자. 그러면 아이가 사춘기가 되어 더 이상 엄마의 관심을 원하지 않을 때 유아기에 형성된 애착으로 인해서 더 좋은 관계를 이끌어 낼 수 있을 것이다. 지금 당장 우리 아이들에게 사랑과 관심을 적극적으로 표현해 보자.

아이가 진짜 원하는 것이 무엇일까?

수컷 호랑이와 암소가 결혼했다. 결혼한 뒤 암소는 사랑하는 호랑이에게 최고의 풀을 주었고 호랑이도 최고의 고기를 암소에게 주었다. 그러나 결국 둘은 이혼했다. 서로를 사랑하고 있었지만 그것을 전달하는 방법이 문제였다. 둘은 서로 일방적이어서 상대방을 이해하지 못하고 상대방이 원하는 것을 파악하지 못했다. 최선을 다했지만 상대방의 입장에서 최선을 다한 것이 아니라 자신의 입장에서 최선을 다했기 때문이다.

우리 부모들도 이 우화처럼 아이들을 위해서 최선을 다한다. 하지만 대부분 부모의 일방적인 간섭과 명령으로 되어 있다. 아이를 이해하지 못하고 아이가 원하는 것이 무엇인지 파악하지 못하고 있는 것이다.

부모들은 아이가 자라서 행복하고 성공적인 삶을 살게 해 주고 싶은 열망이 강하다. 그래서 아이들이 원하는 것을 스스로 하게 두지 않고 부모가 세운 계획대로 키운다. 요즘 부모들은 아이의 성적에 집착하고 성공을 위해서 최선을 다하고 있다고 해도 과언이 아니다. 아이들이 원하는 것은 무엇이든지 다 해 주려 한다. 그렇지만 우리나라 아이들의 행복지수는 OECD 국가 중 꼴찌다.

연세대 사회발전연구소 염유식 교수팀이 발표한 '2016 제8차 어린이·청소년 행복지수 국제비교 연구' 보고서에 따르면 한국 어린이의 주관적 행복지수는 82점으로 조사 대상인 OECD 회원국 22개국 중 가장 낮았다.

주관적 행복지수는 스스로 생각하는 행복의 정도를 OECD 평균(100점)과 비교해 점수화한 것이다. 주관적 행복지수가 가장 높은 나라는 스페인으로 118점이었으며 오스트리아와 스위스가 113점으로 그다음이었다. 이어 덴마크와 네덜란드가 109점이었으며 아일랜드(108점), 스웨덴(107점), 노르웨이·이탈리아·그리스(이상 105점) 순이었다.

조사 결과 우리나라는 행복을 위해 필요한 것으로는 연령대가 낮을수록 '화목한 가족'을 꼽은 경우가 많았지만, 고등학교 2학년 이상은 '돈'을 꼽는 비율이 높았다. (신문 기사 2016.05.02 - 연합뉴스)

왜 우리나라 아이들이 유독 행복지수가 낮을까 생각해 봤다. 다른 나라에 비해서 교육열이 높은 한국의 아이들은 사교육시장으로 내몰리고 있다. 고등학생들은 행복하게 살기 위해서 돈이 가장 필요하다고 생각한다. 요즘 아이들은 성공하면 돈을 많이 번다고 생각하는 것이다.

즉, '좋은 대학 = 좋은 직장 취직 = 성공 = 돈'이라는 공식이 성립된다. 결국에는 돈이 많으면 무엇이든지 해결 가능하다고 생각하게 된다. 우리는 어렸을 때부터 부모에게 성공해서 돈을 많이 벌어야 잘산다는 말을 들으며 자라 왔다. 그래서 우리나라 아이들은 어렸을 때부터 공부에 시달리기 시작한다.

기저귀를 차고 학습지를 시작해 조금 크면 영어유치원에 간다. 초등학교 고학년 때는 특목고를 준비하기 위해 선행학습에 들어간다. 좋은 대학과 좋은 직장에 취직하기 위해서 태어난 순간부터 공부만 하게 되는 것이다.

아이들은 학업 성적 때문에 스트레스를 받고 친구들과의 관계도 다 경쟁자여서 진정한 친구가 없다. 마음을 터놓고 이야기할 상대도 없다. 집에 와서 엄마 아빠와 마음 놓고 이야기할 수 있는 상황도 아니다. 부모님은 성적에만 관심이 있는 것 같다. 아이가 무엇을 원하는지 알지 못한다. 심지어 아이가 무엇을 원하는지, 아이의 상태가 어떤지 알아보려고 시도하지도 않는다.

아이들은 공부하는 기계 같은 존재이고, 부모는 아이를 감독하는 감독관일 뿐이다. 그러고 보니 우리나라 아이들은 공부하려고 태어난 것 같다. 유아기 때 애착이 형성되고 세 살이 넘으면 부모들은 이제부터 아이들을 훈육하고 공부를 시켜야 한다고 생각한다. 부모는 아이에게 버릇을 가르치고 글자를 가르치려고 하다가 오히려 관계를 망친다. 공부를 가르치는 과정에서 부모의 잘못된 꾸중과 다그침이 아이를 힘들게 하기 때문이다. 결국 아이는 행복한 감정을 느끼지 못하고 의무적으로 학교와 집, 학원을 오가며 생활하게 된다.

미국 하버드대학교 석학 탈 벤샤하르 교수는 아이들이 행복해지기 위한 방법으로 다음과 같이 말한다.

"우선, 많이 놀아야 합니다. 노는 것만큼 뇌를 발달시키는 방법도 없지요. 또 건강해지고요. 두 번째는 이야기를 들어 주는 것입니다. 학교에서 무슨 일이 있었는지, 선생님과 어떤 이야기를 나누었는지 등을 들어 주고, 또 그들의 감정을 잘 받아 줘야 합니다. 세 번째는 감사할 줄 알게 해 줘야 합니다. 저희 집에서는 1주일에 한 번 온 가족이 한자리에 모여 감사함을 나누는 시간을 갖습니다. 92세 되신 제 어머니도 참석하시지요! 그리고 마지막으로 제일 중요한 것인데, 부모 스스로 모범을 보여야 합니다."

우리는 흔히 돈이 많은 사람들은 행복할 것이라고 막연하게 생각한다. 그러나 경제적인 성공이 결코 행복하게 해 주는 열쇠는 아니다. 돈과 행복은 비례하지 않기 때문이다. 우리나라처럼 경제적으로 성공한 선진국의 행복지수는 그리 높지 않다. 오히려 남미의 개발도상국 사람들이 더 행복한 감정을 느끼며 살아가고 있다. 우리가 아이들에게 해 줄 수 있는 것은 아이들이 매 순간 행복한 감정을 느끼면서 살아갈 수 있도록 도와주는 것이다. 아이들에게 사랑과 관심을 갖고 아이가 감정을 있는 그대로 표현할 수 있도록 도와주어야 한다.

행복은 항상 좋은 감정만 있는 것이 아니라 나쁜 감정(화, 미움, 슬픔 등)이 혼재되어 있는 상태다. 나쁜 상황이라도 현재에 만족하며 모든 일에 감사하는 마음으로 살아 갈 수 있다면 아이들은 행복해질 것이다.

나는 갑자기 세상에서 가장 행복하게 사는 덴마크 사람들의 생활이 궁금해졌다. 그들이 행복하게 사는 비결은 무엇일까? 덴마크 사람들이 가장 많이 사용하는 휘게(hygge)라는 말이 있다. 휘게의 뜻은 느긋하게 함께 어울린다는 뜻이다.

덴마크는 1년 중 6개월 동안 비가 내리고 하루에 해가 뜨는 시간이 4시간밖에 안 된다. 이런 환경에서도 덴마크 사람들은 항상 느긋하게 생각하고 다른 사람들과 소통하며 어울리는 생활을 한다. 다른 사람들을 경쟁자로 여기지 않으며, 모든 관계에서 경쟁심리가 없다. 공부를 할 때도, 심지어 경기를 할 때도 친구는 경쟁자가 아니라 함께 앞으로 나아가는 동료다.

모든 것을 경쟁하는 우리와는 상당히 다른 삶이다. 이것을 보니 다른 사람들과 더불어 살아가는 것이 행복이라고 생각된다.

우리도 조금만 여유를 가지고 아이들을 키워 보려고 노력하자. 다른 사람들과 함께 더불어서 살아가는 즐거움을 아이들에게 가르쳐 주고 함께 하는 삶의 가치를 생각해 보자. 천천히 느리게 사는 가운데서 행복을 느끼게 될 것이다.

아이들에게 지나치게 공부를 강요하지 말자. 성적이 1등인 아이가 반드시 성공적인 삶을 살지는 않는다. 같이 공부하는 친구를 평생의 친구로 여겨 서로 의지하고 믿고 살아가는 법을 가르쳐 주자. 아이들이 행복한 삶을 바라는 마음은 모든 부모의 소망일 것이다.

아이의 행복은 작은 것에서부터 시작된다. 완벽하지 않더라도 기다려 주는 엄마의 관심과 사랑으로 작은 행복이 모여 큰 행복이 된다.

내 아이를 가장 잘 아는 사람은 엄마다. 엄마가 아이의 마음을 알아주고 공감해 주는 것. 지금 우리 아이가 진짜 원하는 것은 부모의 작은 관심과 사랑이다. 아이는 부모의 관심과 사랑으로 행복해질 것이다. 가족과 함께 행복하게 살아가고 싶은 아이의 마음을 읽는 데 신경 쓰도록 하자.

당신은 아이의 말에
얼마나 귀를 기울이는가?

"엄마는 나 싫어하잖아. 수연이만 예뻐하고!"

소윤이가 요즘 들어 자주 하는 말이다. 둘째 수연이를 기준으로 봤을 때 소윤이는 다 큰 아이다. 반면에 수연이는 아직 어려서 수연이의 요구사항에 더 많은 관심을 갖고 해결하는 데 치중했다.

수연이를 낳았을 때 시어머니께서는 소윤이를 두 달간 돌봐주셨다. 그때는 나도 깊이 생각하지 못하고 소윤이가 없으면 아무래도 더 낫겠다는 판단으로 시어머니에게 맡기게 되었다. 동생이 생긴 후 상실감이 큰 아이를 두 달간 할머니 집에 보냈던 것을 나는 지금도 후회하고 있다. 요즘도 조금만 기분이 나쁘면 소윤이는 항상 "엄마는 나 싫어하잖아. 수연이만 예뻐하고!"라는 말을 입에

달고 산다.

아이는 엄마에 대해 좋은 감정과 나쁜 감정을 동시에 느낄 수 있다. 이것을 알면서도 소윤이가 나에게 나쁜 감정이 있다는 것을 말로 표현할 때마다 많이 서운하다. 소윤이는 내가 수연이에게 하는 행동을 눈여겨보다가 조금이라도 자기와 차이가 나면 화를 내곤 한다.

나는 아이들을 차별하지 않고 대한다고 생각하지만 받아들이는 아이의 입장에서는 아닌가 보다. 그래서 나는 "소윤이가 그렇게 느꼈다면 엄마가 미안해. 엄마는 둘 다 똑같이 사랑해."라고 말해 준다. 아이가 차별받았다고 느낀다면 일단 그것이 사실이 아니라는 것을 알려 줘야 한다. 그래야 아이는 엄마의 말을 듣고 안정을 되찾게 된다.

며칠 전 소윤이와 둘이 있는데 갑자기 나에게 이런 말을 했다.

"엄마, 수연이 낳았을 때 엄마가 나를 미워하는 줄 알았어. 수연이만 돌봐 줘서."

"그랬구나. 엄마가 미안해. 엄마가 그때는 몰랐어. 소윤이를 더 많이 돌봐 줬어야 했는데…"

나는 머리를 한 대 얻어맞은 것 같은 느낌이었다. 수연이를 낳았을 때는 수연이가 어리니까 우선 돌봐야 한다고 생각했다. 그러나 둘째가 태어났을 때 첫째 아이를 더 챙겨야 한다는 사실을 최근에 책을 읽다 알게 되었다. 그러면서 내가 무엇을 잘못했는지 깨달았다. 소윤이가 첫째로 태어나서 모든 관심과 사랑을 받았었는데 동생이 태어나자마자 엄마의 관심과 사랑을 받지 못하게 되었던 것이다.

엄마는 새로 태어난 동생만 안아 주고 돌봐 주는데 시간을 보냈다. 그런데다가 소윤이를 두 달간 할머니 집에 보냈으니 아이는 '나는 버림받았나 봐'라는 생각을 했을 것이다. '나는 이제 버림받았으니 이제 더 이상 내 엄마가 아닌가 봐'라는 생각을 하면서 엄마를 바라보았을 아이를 생각하니 미안해졌다.

'엄마에게 말도 못하고 속으로 얼마나 힘들었을까?'

어린 아이가 얼마나 힘들고 괴로웠을지 생각도 하기 싫다. 그때 나는 소윤이가 다 이해할 줄 알았다. 그러나 그건 나의 착각이었던 것이다.

고작 네 살짜리 어린아이가 이런저런 상황을 이해하기는 힘들다. 혼자 아이 둘을 돌보는 것이 힘들더라도 '내가 소윤이를 돌봤어야 하는데' 하고 자꾸 죄책감이 든다. 그리고 무슨 문제가 생기면 내가 잘못해서 그런 것 같아서 안절부절 못하게 된다.

초보 엄마들이 하는 가장 큰 실수가 둘째를 낳았을 때 첫째에게 신경 쓰지 못하는 것이다. 그저 갓난아이에게 엄마의 도움이 필요할 것 같고 더 보살펴 줘야 할 것 같지만, 갓난아이는 아직 정확히 엄마가 누구인지 잘 알지 못하는 시기다. 그러므로 엄마들은 큰아이를 더 챙겨야 한다. 그래야 동생에 대한 반감이나 엄마의 관심과 사랑에 대한 상실감이 덜 하다. 혼자 사랑을 독차지하다가 갑자기 동생이 생겼을 때 아이는 엄청난 상실감을 느끼게 된다. 어떻게 해서든지 동생이 태어나기 전에 받았던 수준의 엄마의 사랑과 관심을 받고 싶어 한다. 아이는 엄마의 사랑을 다시 받기 위해 어린아이 같은 행동도 서슴지 않는다.

이 시기에 엄마는 첫째와 둘만의 시간을 자주 가져야 한다. 놀이터에 가서 그네도 타고 자전거도 타면서 아이와 정서적인 교감을 나눠야 한다. 또한 어렸을 때 찍었던 사진과 동영상을 자주 보여 주면서 엄마가 어떻게 해 줬는지 이야기해 주면 많은 도움이 된다.

동생이 태어난 후 첫째가 상실감으로 문제행동을 한다면 가장 먼저 관심과 사랑의 양을 늘려 주는 것이 제일 좋은 방법이다. 자신이 사랑받고 있다는 것을 먼저 느끼게 해 줘야 한다.

나는 하루에도 몇 번씩 "엄마는 소윤이를 사랑해. 엄마는 소윤이가 있어서 행복해."라는 말을 자주 한다. 아이들도 나에게 "엄마 사랑해. 나도 행복해."라고 말해 준다. 나는 아이들을 아침에 깨울 때나 잠자기 전에 아이들의 몸을 마사지해 준다.

수연이는 "엄마, 마사지해줘. 마사지를 받으면 에너지가 생겨." 라고 말하곤 한다. 그런데 아이가 둘이라서 마사지를 할 때도 순서를 타투는 경우가 많다. 내가 "가위바위보 해서 정하자!"하면 예전에는 그대로 따르더니 요즘 들어서는 소윤이가 짜증 내면서 "수연이 먼저 해."라고 말한다.

말은 먼저 하라는데 표정이 좋지 않다. 처음에 나는 소윤이가 "수연이 먼저 해 줘."라는 말을 곧이곧대로 듣고 수연이를 먼저 마사지해 줬다. 그러자 소연이가 "엄마는 수연이만 좋아해. 나는 미워하고!" 이런 말을 또 한다. 소윤이의 속마음은 자신이 먼저 마사지를 받고 싶었던 것이다.

어느 날부터 소윤이는 자기가 원하는 것과 반대로 이야기하기 시작했다. 그러면서 또 "수연이는 왜 마음대로 해? 나는 내가 하고 싶은 것도 못하게 하고. 엄마 미워." 하면서 차별받았다고 느낀 것을 말한다.

소윤이는 언니니까 양보하기 싫어도 양보해야 한다고 생각하고 있는 것 같았다. 언니로서 '내가 양보해야 한다'는 생각으로 말은 하지만 속으로는 여전히 양보가 싫다. 언니라는 상황이 동생에게 양보를 꼭 해야 할 것 같아서 그런 것이다. 이 같은 소윤이의 행동과 말은 "나에게 더 사랑을 주세요. 나에게 관심을 더 주세요."라는 표현이었다. 이런 소윤이에게 나는 "엄마는 소윤이를 사랑해. 엄마가 제일 먼저 만난 사람은 소윤이야."라고 말해 주면서 안아 주곤 한다.

아이들이 어릴 때는 하루 종일 집안이 조용한 날이 없다. 둘이 서로 비교하고, 질투하고, 싸우고, 울리는 일이 반복되기 때문이다. 자신의 입장에서 엄마인 나의 행동을 관찰하여 언니나 동생에게 조금이라도 자신보다 잘해 주는 것이 있으면 바로 표현한다. 서로 엄마의 사랑과 관심을 더 많이 받고 싶어서일 것이다.

부모는 아이가 겉으로 말하는 것뿐만 아니라 아이의 속마음을 알아차려야 한다. 그러려면 아이가 하는 말을 있는 그대로 받아들여선 안 된다. 아이의 진짜 속마음을 알아볼 수 있어야 한다. 아이의 속마음을 이해하기 위해 아이의 말에 귀 기울이며, 나는 과연 내 아이를 얼마나 이해하고 알고 있는지 생각해 보자.

아이의 서운하고 힘든 감정을 공감하고 풀어 주려고 노력하는 엄마가 되라. 그러면 아이와 서먹했던 관계가 좋아질 것이다.

행복한 육아를 위해 공부해야 한다

도중에 포기하지 마라. 망설이지 마라. 최후의 성공을 거둘 때까지 밀고 나가라.
– 데일 카네기 –

"영숙이 아니니?"

"응, 맞아!"

"정말 오랜만이다."

"요즘 어떻게 지내니?"

"나 애들 다 키우고 심심해서 일자리 알아보고 있어. 근데 막상 일을 시작하려고 하니 할 수 있는 일이 별로 없어."

며칠 전에 점심을 먹고 카페에 갔는데 누가 나에게 말을 걸었다. 고등학교 때 친하게 지냈던 친구 Y였다. 고등학교 시절 기숙사에서 같이 힘든 시기를 같이 보냈던 친구라서 한눈에 알아볼 수 있었다. Y를 마지막으로 만난 때가 15년 전이었다. 그때는 내가 광

주에서 공무원 시험공부를 하고 있었던 시기였다. Y는 그 당시 직장인으로 소형차 한 대를 소유하고 있었다. 그때 나는 직장도 다니고 예쁜 빨간색 자동차를 가진 그녀를 부러워했다. 그 후 Y는 결혼을 하여 경기도로 왔고, 나도 몇 달 후 공무원 시험에 합격하여 경기도로 왔다. 같은 경기도에 살면서도 서로 바빠서 그동안 연락이 끊겼었는데 우연히 만나게 된 것이다. Y는 아이들을 다 키우고 이제 심심해서 일자리를 알아보고 있다고 말했다. 그러면서 직장에 다니고 있는 내가 부럽다고 했다.

보통 엄마들은 아이를 키울 때는 아이만 바라보고 살다가 다 크면 허전함을 느낀다. 시간이 너무 남아돌아 삶이 단조롭기까지 하다. 남편은 회사일로 바쁘고 하루 종일 혼자 집에 있는 날들이 반복되면 사람이 그리워진다. 그래서 직장에 다니는 사람을 부러워하게 되는 것이다.

이제 일을 시작하려고 이것저것 알아보지만, 그동안 집에서 살림만 하다 보니 뭘 어디서부터 시작해야 할지 막막하다. 결혼 전에 하던 일도 다 잊어버려 더 이상 할 수 없고, 이제 새로운 일을 찾아야 한다. 일자리를 찾아보지만 막상 할 수 있는 일이 별로 없다. 그나마 가장 쉽게 할 수 있는 일은 식당 일이나 마트에서 계산하는 일이다. 결국 이런 일까지 해야 하나 생각하면서 고민하게 된다. 일은 하고 싶은데 잘 할 수 있는 일은 없고 난감하기만 하다.

많은 엄마들의 고민이다. 그래서 아이가 어느 정도 컸을 때 본인 스스로에게 시선을 돌려야 한다. 아이와 애착이 잘 형성되었을 때 엄마는 모델링을 위해 노력해야 한다. 한 살이라도 젊을 때 꿈을 가지고 하나씩 준비해 가다 보면 아이가 다 크고 허전할 시기에 오히려 제2의 인생을 행복하게 맞이할 수 있을 것이다.

가끔 내가 워킹맘으로서 직장 일, 집안일, 여기에 아이 키우는 일까지 해내고 있다는 사실이 놀라울 때가 있다. 물론 이 모든 것이 완벽하지는 않다. 그렇지만 내가 엄마가 아니었다면 이런 삶을 산다는 것은 감히 상상도 할 수 없었을 것이다.

나는 1남 5녀 중 다섯째로 집안일도 거의 안 해 보고 편하게만 살아왔다. 결혼 전에는 내 한 몸만 건사하면 됐었는데, 엄마가 되니 모든 것을 다 척척 해내야 했다. 때로는 아이가 아파서 잠도 제대로 자지 못했다. 마음 편히 하루에 한 끼도 제대로 먹지 못하는 날도 많았다.

정신적·육체적으로 힘들어도 인내하고 살아 내야 하는 것이 엄연한 현실이었다. 모성의 힘은 참으로 대단한 것 같다. 내가 엄마였기 때문에 이 모든 것을 해낼 수 있었던 것이다. 엄마가 되어 보니 세상의 모든 엄마들이 다 위대해 보인다. 아이를 위해서 모든 것을 인내하고 노력하는 엄마들의 몸짓 하나하나가 숭고하기까지 하다.

엄마가 되면 아이를 잘 키우기 위해 인내하고 노력하고 공부하면서 살아간다. 아이의 더 나은 삶을 위해 투자도 아끼지 않는다. 아이에게 공부를 가르치기 위해 엄마가 미리 배워서 아이에게 가르치는 경우도 많다. 그러나 정작 엄마 자신을 위해 투자하고 공부하는 경우는 드물다.

엄마로서 아내로서 다른 사람을 챙기기에 여념이 없다. 매일 바쁜 엄마 모드로 삶에 전력 질주한다. 그러다가 아이가 다 크게 되면 갑자기 한가해지면서 삶이 단조로워진다. 아이가 다 크기 전에 미리 대비해야 한다.

이제부터는 엄마 자신만의 삶을 살자. 자식에게 올인 하지 말고, 오직 엄마의 가치를 높일 수 있는 공부를 하자. 엄마도 꿈을 가지고 공부하다 보면 그 꿈을 이룰 수 있다. 꿈을 이룬 10년 후의 모습을 상상해 보라. 남편과 자식 앞에 자신감 넘치는 제2의 멋진 인생을 살아가는 모습을 보여 줘야 한다.

현실적으로 엄마들은 아이들과 시간을 보내다 보면 온전히 나만의 시간을 갖기가 어렵다. 하루 종일 아이들과 놀아 주고 종종거리며 집안일을 하고 설거지를 하다 보면 하루가 금방 지나간다.

어떤 날은 하루 종일 설거지만 한 것 같은 느낌이 드는 날도 있다. 또 장마철에는 잠깐 해가 나면 하루 종일 빨래만 하다가 보낸 날도 있었다. 아이들이 보는 텔레비전을 멍하니 같이 보다 보면 시간이 금방 지나가 버린다. 이렇게 잠깐만 방심해도 나를 위한 시간을 낼 수가 없다.

틈틈이 나만의 시간을 찾는 방법은 다음과 같다. 아이들이 텔레비전 보기 시작하면 그 시간을 이용해 책을 읽는다. 집 안 곳곳에 책을 놓아 두고 여기저기 상황과 장소에 맞게 책을 읽는 것이다. 집안일을 할 때는 스마트폰을 이용해 책 읽어 주는 북플레이어로 들으면서 일을 할 수 있다. 이렇게 의식적으로 시간을 만들려고 노력해야 한다. 의식적으로 노력하다 보면 한두 시간 정도는 책 읽는 데 충분히 활용할 수 있다.

또한 아이들이 없는 평일 낮 시간대에 엄마들과 만나서 수다를 떠는 시간을 줄여야 한다. 엄마들과 모여 이야기하면 스트레스는 풀리겠지만 장기적으로 보면 시간 낭비다. 날마다 엄마들과의 티타임을 갖고 아이들이 오는 시간에 정신없이 아이를 데리고 온 뒤 다시 집안일을 하는 생활이 반복되면 나이만 먹고 결국에는 해놓은 것이 하나도 없게 된다.

시간은 흐르고 나이만 먹으면 다음은 후회만 남는다. 지금부터라도 자신만의 시간을 확보하여 자신의 가치를 높일 수 있는 것에 시간과 열정을 쏟아 붓자. 엄마가 꿈을 이루기 위해서는 조금 이기적이어야 한다. 그리고 아이들에게 엄마가 책을 읽고 공부하는 모습을 보여 주면 공부하라는 말을 하지 않아도 알아서 공부한다. 엄마의 시간도 갖고 그 모습을 본 아이들도 알아서 척척 공부를 해 주니 얼마나 행복한가? 엄마도 공부하고 애쓰면 육아가 행복해진다.

스타강사로 유명한 김미경의 저서 《꿈이 있는 아내는 늙지 않는다》에서 103동 505호 대한 이야기를 읽었다. 아이들을 유치원이나 학교에 보내 놓고 엄마들이 모여서 커피 한잔 하면서 수다를 떨며 하루를 보내는 엄마들의 이야기다. 물론 아이교육에 대한 유용한 정보도 많이 얻을 수 있다. 그렇지만 이런 식으로 계속 만나다 보면 엄마들의 발전이 없고 다른 사람의 뒷담화가 더 많아진다는 것이다. 엄마들과의 사교활동도 좋지만 너무 과하게 되면 시간 낭비로 이어질 수 있다. 저자는 하루 빨리 103동 505호에서 탈출하여 자신을 위해 투자하고 노력하는 시간을 가질 것을 제안한다.

우리가 공부를 시작할 때 가장 쉽게 접근할 수 있는 방법은 책을 읽는 것이다. 처음에는 자기가 좋아하는 분야의 쉬운 책을 보면서 책 읽는 습관을 들이면 좋다. 책 읽는 습관이 어느 정도 들면 조금 어려운 책에 도전해 본다.

나는 개인적으로 자기계발서를 추천하고 싶다. 자기계발서에는 어려운 상황을 극복하고 성공한 사람들의 모습을 많이 볼 수 있어서 '나도 할 수 있다'는 강한 동기부여를 받을 수 있기 때문이다. 이렇게 엄마가 꿈을 가지고 공부하고 노력할 때 삶을 활기차게 보낼 수 있다.

누구의 아내와 엄마라는 이름에서 탈출하자. 자신의 이름을 세상에 드러내기 위해 한 걸음씩 앞으로 드러내기 위해 육아는 저절로 행복해질 것이다.

엄마의 정보력이 아이의 인생을 망친다

넘치는 육아정보로
엄마는 혼란스럽다

초보 엄마에게 주변 사람들은 육아에 도움이 되는 여러 가지 조언을 해 준다. 그러나 사람들마다 아이 키우는 방법이 다 다르기 때문에 같은 상황에서도 제각기 다른 조언을 한다. 처음 아이를 키우는 엄마는 혼란에 빠지는 경우가 많다.

아이의 머리숱이 적으면 박박 밀어야 한다고 말하는 사람이 있는가 하면 과학적인 근거가 없는 이야기라고 말하는 사람도 있다. 여자아이의 가슴 유두를 짜 줘야 한다는 사람도 있고 안 짜 줘도 상관없다고 말하는 사람도 있었다. 또 아이를 재울 때도 같이 자야 좋다는 사람들이 있고, 독립된 공간에서 재워야 한다는 사람들도 있었다. 밤중 수유는 몇 개월 이상 지나면 이가 나는 시기이기 때문에 하지 말아야 한다는 의견과 아이가 원하면 원하는 대로 해 줘야 한다는 의견까지 그야말로 사람들마다 가지각색이다.

나는 서른이 한참 지난 나이에 결혼했다. 늦은 나이였기에 결혼하자마자 아이가 생기기를 원했다. 내 친구들은 일찍 결혼해서 아이들이 유치원이나 학교에 다니고 있었다. 어쩌다 그 친구들을 만나 이야기하다 보면 아이들에 관한 이야기가 대부분이었다. 그들 사이에서 나는 소외당하는 느낌이었다.

아이를 간절히 원했지만, 불행히도 두 번의 유산을 겪었다. 아무래도 나이가 많아 아이를 낳을 수 없을지도 모른다는 불안감이 엄습했다. 세 번째도 유산이 되면 습관성 유산이 될지도 모른다는 말에 우선 체력부터 길러야겠다고 생각했다. 운동을 하면서 한약도 먹었다. 그렇게 노력한 결과 결혼한 지 4년 만에 자연 임신을 하게 되었다.

임신이 된 사실을 알고 너무나 기뻤다. 그런데 여동생이 나보다 3개월 먼저 임신했다는 사실을 알게 되었다. 그동안 가족들이 내가 속상해 할까 봐 알려 주지 않았다는 사실에 고맙고 미안했다.

가족들의 세심한 배려와 사랑을 한 몸에 받고 또 원하는 아기를 갖게 되어 정말 행복했다. 그러나 한편으로는 '내가 나이가 많아서 혹시 아이가 비정상이면 어쩌나?' 하는 걱정도 많았다. 그래서 병원에서 권하는 검사는 무조건 다 받았다. 감기에 걸렸을 때도 병원에서 약을 처방받아 왔지만 혹시 아이에게 나쁜 영향이 갈까 봐 먹지 못했다. 그렇게 아이를 기다리면서 정말 잘 키우겠다고 내 자신과 약속했다.

드디어 첫아이가 태어났다. 나는 그야말로 초보 엄마인지라 매 순간마다 어떻게 해야 할지 몰라서 힘들었다. 밤에 아이의 수유를 줄이기 위해 낮 동안 모유 수유는 세 시간 간격으로 해야 했다. 그러나 아이는 눈만 뜨면 배가 고프다고 울어댔다. 그나마 나오던 모유도 저녁에는 나오지 않아 아이가 더 힘들어했다. 부족한 모유량에 아이는 금세 배고프다고 울고 보챘고, 사람들이 말한 세 시간 간격을 지키기가 어려웠다. 결국 모자라는 모유를 보충하기 위해 분유를 같이 먹이기로 했다.

나는 밤에도 아이가 배고파서 울면 바로 먹였다. 다른 사람들은 밤에 먹이면 안 된다고 했지만 어쩔 수 없었다. 그리고 이가 나오기 시작하면 치아가 썩을 수 있으니 밤에 우유를 주면 안 된다고 했지만 밤마다 배가 고파서 우는 아이를 외면할 수는 없었다.

그 당시 지인 B는 나에게 두유에 미숫가루를 진하게 타서 아이에게 먹여 재우면 밤에 한 번도 깨지 않고 잘 잤다고 말해 줬다. 세 아이를 다 그렇게 해서 잘 키웠다고 했다. 하지만 쉽게 시도해 볼 수는 없었다.

최근 예찬이 엄마는 올해 초등학교 1학년이 되는 예찬이를 따로 재우기 시작했다고 한다. 주변 사람들이 언제까지 아이를 데리고 잘 거냐면서 빨리 따로 재워야 한다고 충고를 해 주었던 것이다. 그런데 따로 재우고 얼마 되지 않아서 아이가 새벽에 한두 번씩 엄마에게 오기 시작하더니 이제는 매일 새벽이면 엄마를 찾아온다고 했다.

예찬이 엄마는 시간이 흐를수록 '내가 과연 잘 하고 있나?'라는 생각이 들면서 진정 아이를 위하는 것이 무엇인지 생각해 보았다고 한다. 엄마의 사랑과 관심이 필요한 시기에 아이가 같이 자고 싶어 하는 것을 외면할 수가 없다고 판단한 예찬이 엄마는 다시 같이 잠을 자기로 결정했다고 한다.

아이가 태어난 지 3개월이 지나면 따로 재워야 한다고 말하는 사람들이 많다. 빨리 따로 재워야 아이의 독립성이 길러진 다는 것이다. 그러나 아이를 너무 어린 나이에 따로 재우면 안 된다는 사람들도 적지 않다. 독립성도 중요하지만 유아기에는 엄마의 충분한 사랑과 관심이 중요하기 때문이다.

내 생각에도 아직 제대로 움직일 수도 없고 말도 할 수 없는 아이를 혼자 따로 재운다는 게 왠지 모르게 불안하다. 많은 고민 끝에 나는 아이와 같이 자는 방법을 선택했다. 하룻 저녁에도 아이는 자다가 몇 번이나 깨어 엄마가 있는지 확인하고 칭얼댄다. 칭얼대면 다독 여주고 엄마가 항상 옆에 있다고 안심시켜주면 아이는 다시 편안하게 잠을 잔다.

나는 아이가 아직 움직이지도 못하고 말도 못하는 시기에는 엄마와 같이 자야 한다고 생각한다. 아이와 같이 자면서 사랑을 더 느끼게 해 주고, 엄마의 품에서 따뜻하게 키워서 항상 행복한 아이로 만들고 싶다.

육아에는 정답이 없다. 아이를 같은 방법으로 키워도 다른 결과가 나오기 때문이다. 아무리 주변 사람들이 육아에 대한 많은 정보를 알려 주더라도 이 정보를 활용할지 안 할지는 오로지 엄마의 선택이다.

밤중 수유는 아이의 치아가 썩으니 절대 하면 안 된다는 것과 아이의 욕구를 충족시켜 줘야 한다는 것. 또 아이랑 같이 잠을 자면서 오랜 시간 동안 아이와 소통하며 사랑을 주는 것을 택하느냐 아니면 빨리 따로 재워서 독립성을 기르느냐 등 모든 것은 엄마의 선택에 달려 있다. 엄마는 어떤 방법이 내 아이에게 최선인지 선택해서 일관성 있게 아이를 기르면 된다.

넘쳐나는 육아정보에 엄마들은 흔들린다. 그렇다고 옆집 엄마가 알려 준 정보, 좋은 육아법이라고 유행하는 정보를 기준으로 삼으면 시간이 갈수록 문제가 발생할 수 있다. 다른 사람의 아이에게 맞는 방법이 내 아이에게는 맞지 않을 수 있기 때문이다. 이런저런 정보를 접할 때 먼저 내가 할 수 있는 것이 무엇인지 확인해야 한다. 그리고 무엇보다 제일 중요한 원칙은 내 아이를 중심으로 기준을 설정해야 한다는 것이다.

나와 아이가 행복한 방법을 선택하라. 그러기 위해선 엄마가 소신을 가져야 한다. 일관성 있는 원칙을 가지고 키워야 엄마와 아이가 행복해지는 첫걸음이다.

양육서의 조언을
무조건 믿지 마라

더 많이 준다고 아이를 망치는 것이 아니다. 충돌을 피하려고 더 많이 주면 아이를 망친다.
- 존 그레이 -

큰아이가 떼를 많이 써서 고민하던 중, 아는 유치원 선생님에게 고민을 털어 놓고 이야기한 적이 있다.

"소윤이가 요즘 사 달라는 것도 많고 사 주지 않으면 떼를 많이 써서 힘들어요."

"지나고 보니까 일곱 살 때 우리 큰애도 떼를 엄청 많이 썼어요. 근데 지금은 좀 크니까 원하는 것을 다 들어주기보다는 이해를 시켜서 사는 것과 안 사는 것을 구별하게 되었어요. 육아서에는 떼를 쓸 때 단호하게 거절하라고 많이 하던데, 제 생각에는 그 상황에 맞춰서 적절히 해야 될 거 같아요."

사실 아이가 떼를 쓸 때마다 화를 내기도 하고 원하는 것을 사주기도 하고 일관성이 없는 것 같아서 고민이었는데 그 말을 들으니 안심이 되었다.

육아서를 보면 아이가 떼를 쓸 때 부모가 단호하게 대처하라는 경우가 있고, 또 허용하라는 경우도 있다. 부모가 단호하게 대처하라는 입장에서는 아이의 고집을 허용할 경우 아이가 고집이 점점 더 세지고 습관화되어서 장차 성장하면 책임감이 부족해지고 의존심이 커져 인간관계와 사회성에 문제가 된다는 것이다.

한편 지는 것이 결국 이기는 것이라는 입장에서는 아이가 하고 싶은 것, 아이의 의견을 이해하고 따라 주는 것은 아이로부터 신뢰를 얻는 과정이라고 설명한다.

아이가 현실적인 상황을 고려하지 않고 떼를 쓸 때 부모는 당황스럽다. 물론 언제 어디서나 아이의 주장에 무조건 따라 주라는 것은 아니지만 부모와 아이 사이에 믿음의 관계가 탄탄해지면 대화와 타협이 가능해진다.

내가 경험한 바로는 그 상황에 따라서 아이의 말을 들어주기 곤란할 때는 왜 안 되는지 상황을 설명해 주고 이해시키는 과정이 필요하다고 생각한다. 아이의 고집에 단호하게 대처했을 때는 아이를 따뜻하게 안아 주며 떼쓰는 행동에 대해 안 되는 이유를 이해하기 쉽게 설명해야 한다. 무조건 안 된다고 하면 아이의 감정만 상하게 되어 관계가 나빠질 우려가 있기 때문이다.

한편 경우에 따라서는 아이가 요구하는 것을 수용해 주기도 한다. 아이가 안 좋은 일이 있을 때는 요구하는 것을 들어주어 기분 전환을 해 줄 필요가 있다. 또한 아이와 함께 날짜를 정해서 사 주기로 한 선물이나 원하는 약속은 특별한 사정이 없으면 아이와의 신뢰관계를 위해서라도 요구하는 것에 대해 들어주는 게 좋다.

나는 아이들이 문제 행동을 일으키거나 울 때마다 곧바로 해결할 수 있는 방법을 찾기 위해 노력했다. 아이가 울지 않도록 요구사항을 들어줘서라도 그 상황을 빨리 해결하고 싶었다. 간혹 이유도 없이 울거나 물건을 사 달라고 마트 바닥에 드러누워 울 때 나는 책에서 본 육아 정보들을 적용해 보기도 했다. 결과는 상황에 따라 달랐다.

결국 나는 육아서의 내용에 집착하지 않고, 조급해하거나 불안해하지 않기로 했다. 아이의 성격과 성향, 상황이 다르기 때문에 비교할 수 없고 육아서에서 제시하는 틀에 맞추기 위해 무리하게 몰아붙이거나 불안해하지 않아도 된다고 생각했기 때문이다. 마음가짐을 다르게 하니 절박한 상황에서도 침착해질 수 있었다.

아이를 키우다 보면 병원에 자주 가게 된다. 병원을 가면 꼭 가야하는 곳이 약국이다. 약국에 가면 아이들을 유혹하는 것이 많다. 아이들은 꼭 한두 가지를 사 달라면서 조른다. 그날도 소윤이는 약국에 가자마자 장난감이 들어 있는 비타민을 사 달라고 졸랐다. 내가 단호하게 사 주지 않겠다고 했더니 집에 갈 생각은

안하고 계속 울기만 하는 것이었다. 창피하기도 하고 이대로는 안 될 것 같아 소윤이를 두고 나와 버렸다. 그러자 아이가 따라 나왔고, 나는 소윤이를 진정시키며 대화를 시작했다.

"소윤아, 아까 약국에서 장난감이 들어 있는 비타민 사고 싶었지?"

"응. 다른 아이들 다 샀단 말이야. 나도 사고 싶어!"

"그랬구나. 엄마랑 약국 갈 때마다 비타민 장난감 샀던 거 기억나니?

"응. 기억나."

"그 장난감들이 생각보다 잘 써지지 않고 쓸모없이 버려진 것을 보니 소윤이는 어땠어?"

"나는 몰랐는데…."

"그동안 스무 개 이상 샀는데 지금 소윤이가 가지고 노는 것은 하나도 없어. 그래서 엄마는 돈을 내고 산 것들이 금방 쓸모없게 돼 버려서 속상했거든. 그래서 아까도 그렇게 될까 봐 소윤이에게 사 주지 않았는데 소윤이 생각은 어때?"

"알았어."

"엄마는 소윤이가 원하는 것들을 대부분 사 주고 싶은데, 이왕이면 잘 가지고 놀 수 있는 장난감으로 사 주고 싶어. 장난감은 우리가 날을 정해서 소윤이가 진짜 갖고 싶은 걸로 사면 어때?"

"알았어. 좋아!"

"다음에 병원 갈 때 꼭 사 줄게. 근데 하루에 하나씩만 사 줄 거야."

"알았어."

엄마들은 장 보러 갈 때도 혼자의 몸이 아니다. 아이들을 데려가는 경우가 많은데 그럴 때마다 나는 위와 같은 곤란한 상황을 자주 겪었다. 그때마다 소윤이에게 이런 식으로 내 마음을 전달하고 아이가 원하는 바를 알게 되니 점차 이러한 일들은 발생하지 않았다.

마트에 가면 떼쓰고 우는 아이들이 많은데 그냥 아이를 놔두고 화가 나서 가 버리거나, 심지어는 사람들이 많은 장소에서 아이를 때리는 경우도 보았다. 너무나 마음이 아파서 아이와 부모에게 도움을 주고 싶은데 막상 다가가기도 어려운 상황이었다. 만약 이 글을 읽고 이런 일을 겪었던 부모라면 아이와 시간이 될 때 겪은 상황에 대해서 엄마의 마음이 어땠는지 위와 같이 대화로 풀어 보자.

각자 아이의 욕구를 들어주지 못한 상황은 다르겠지만, 부모가 아이를 사랑하는 마음은 같을 것이다. 획일적으로 육아서의 방법을 고집하는 것보다는 상황에 적절히 대응하는 것이 좋다. 진심으로 사랑하고 있고, 엄마가 결코 아이를 무시하지 않겠다는 메시지를 전달한다면 아이와 연결된 소통으로 관계가 훨씬 돈독해질 것이다.

　‘왜 나는 육아서처럼 안 되는 거지? 나는 왜 남들처럼 아이를 잘 키우지 못하는 걸까?’ 이런 걱정은 할 필요가 없다. 사람들마다 아이를 키우는 환경이 다르기 때문에 책에서 읽은 내용을 완벽하게 적용할 수는 없다. 또한 육아서는 아이들의 성장 시기별, 성향별, 영역별로 가장 이상적인 방법과 내용을 알려 주기 때문에 실제로 내 아이에게 적용하기에는 어려움이 많다. 물론 참고는 할 수 있다. 그러나 자신의 상황과는 맞지 않는 내용이라면 과감히 무시해야 한다. 내 아이에게 맞는 부분만 수용하여 활용하면 된다. 또 좋은 내용이 있으면 따라해 보고 실천해 보다가 자신의 상황에 맞게 변형하여 적용하면 된다. 아무리 좋은 육아법이라고 해도 내 아이와 맞지 않으면 양육서의 조언을 무조건 믿지 말자.

엄마의 정보력이
아이의 인생을 망친다

대부분의 부모들은 아이가 공부를 잘해서 좋은 대학에 가고, 좋은 직장에 취직해서 안정적으로 살기를 원한다. 안정적인 회사에 취직하는 것이 성공인 셈이다. 이렇게 성공해서 취직하여 편안하게 살기를 바라는 마음으로 오늘도 아이들을 사교육 현장으로 내몰고 있다.

주변을 둘러보니 벌써부터 아이들이 하나둘 학습지 등의 사교육을 받고 있다. 아직 어리고 더 많이 뛰어놀아야 할 아이들이 학습지와 선행학습 등의 사교육에 빠져들고 있는 것이 현실이다.

지선이는 유치원에 다니는 일곱 살짜리 여자아이다. 지선이 엄마는 어렸을 때 집이 가난해서 다니고 싶은 학원을 마음대로 다니지 못했다고 한다. 성인이 되고 난 후에도 항상 학원을 많이 다니지 못한 것이 억울했다. 그래서 아이에게만은 제대로 해 주고 싶은 마음이 들었다. 자신의 아이가 다른 아이에 비해 부족하지 않도록 유치원이 끝난 후에 영어, 미술, 태권도, 피아노, 학습지, 발레, 수영 등을 시키고 있다. 지선엄마의 욕심은 어디까지 갈지 모른다.

나는 영유아기의 사교육은 아이에게 마음의 병만 키운다고 생각한다. 사교육의 시간이 길수록 불안과 우울이 심해지고, 이렇게 우울한 상태로 초등학교, 중학교에 진학하게 되면 성적 비관으로 극단적인 선택을 할 가능성이 높아진다. 실제로 청소년 5명 중 1명이 자살을 시도해 봤다고 한다. 특히 성적 비관 자살이 늘어나고 있는 실정이다. 지금 이 시간에도 자살을 생각하고 시도하는 학생이 분명히 있을 것이다.

자녀가 행복하길 바라는 마음은 모든 부모가 다 같다. 아이들이 행복하고 경제적으로 윤택하게 살기를 원해서 빚을 내서라도 학원에 보내는 부모들도 많다. 그런데 이것이 정말로 우리 아이를 위하는 것인지 한번 생각해 봐야 한다. 미래의 행복을 위해 현재의 행복은 무시되어야 하는가? 요즘 많은 아이들이 성적 때문에 자살을 생각하고 시도까지 한다. 아이를 떠나보낸 뒤 후회하지 말자. 성적이 좋지 않더라도 살아만 있어 준다면 고맙고 감사한 일이 아닐까?

행복은 성적순이 아니라는 말이 있다. 우리 아이들이 무엇을 위해 이렇게까지 힘들게 살아가야 하는지 의문이다.

"엄마, 학원 좀 줄여 줘. 너무 힘들어."
"S 대학 들어갈 때까지만 참아."

지인의 아들인 P는 올해 대학교 1학년에 재학 중이지만 S대에 입학해야 한다는 부모의 강요에 재수학원을 다니면서 공부하고 있다. P는 초등학교 때부터 명문대에 입학시키려는 부모 때문에 자신의 삶이 없었다. 영어, 국어, 과학, 수학 학원에다가 종합학습 지도 네 가지나 해야 했다. P의 부모는 아들이 중학교에 입학하자 외고 입시 반에 들어가도록 했다.

학교가 끝난 뒤 학원에 가서 수업을 듣고 자습까지 하고 오면 새벽 2시가 훨씬 넘었다. 게다가 학교 숙제와 학원 숙제를 다하고 예습까지 하다 보면 하루 두세 시간밖에 자지 못했다. 만성적인 피로가 쌓여 툭하면 코피가 쏟아졌다. 삶의 의욕이 없어지고 꿈도 목적도 없이 부모의 강요에 의해 학교와 학원만 오가면서 살았다. 성적이 올라도 우울한 기분은 나아지지 않고 무기력해지기만 했다. P는 왜 이렇게 살아야 하나 하는 생각이 자꾸 들었다고 한다.

요즘 학생들은 학업 성적으로 많은 스트레스를 받고 있다. 성적 비관으로 자살한 초·중·고등학교 학생들이 늘어나고 있는 추세다. 과도한 교육경쟁체제가 어린 학생들을 극단적인 선택으로 몰아 넣고 있다고 해도 과언이 아니다. 자살을 생각한 청소년 중 최근 1년 내에 실제로 자살을 시도한 적이 있는 청소년은 19.2%로 나타났다. 우리는 자녀의 성적을 걱정하기보다 자녀가 행복한 삶을 살 수 있도록 지지해 주어야 한다.

며칠 전 인터넷 뉴스를 봤다. 2016년 2월 11일자 〈이데일리〉 신문에서 본 '법대의 몰락 로스쿨 7년 만에 학생 수 반토막'이라는 제목의 뉴스였다. 얼마 전까지만 해도 선망의 대상이던 법대의 몰락이 충격적이었다. 변호사 판검사의 관문인 법대 로스쿨의 학생 수가 감소했다는 것이다.

급속한 변호사 수 증가가 사건 수임 감소로 이어져 변호사 협회 회비를 납부하지 못하는 변호사들이 아주 많다고 한다. 최근 한 해 1,500여 명의 법학전문대학원(로스쿨) 출신의 변호사들이 무더기로 배출되면서 벌어진 현상이다.

참 안타까운 현실이다. 어렵게 공부해서 변호사가 되었지만 월 5만 원의 회비조차 내지 못하는 신세로 전락한 것이다. 이런 경제적 어려움 때문이었는지 현직 변호사가 최근 9급 공무원 공채시험을 응시해서 주목을 받은 바 있다. 변호사가 되려고 어렸을 때부터 사교육 시장에 내몰려 고생한 결과가 결국 이런 것이란 말인가?

아이를 잘 키우려면 '엄마의 정보력과 아빠의 경제력'이 있어야 한다는 말이 있다. 아이를 대학교에 보내기 위해서 엄마의 정보력이 필수인 시대다. 그러나 내 아이에게 정말로 필요한 것이 무엇인지 생각해 보자. 자나 깨나 성적에만 관심을 두고 정작 아이가 무슨 생각을 하는지 무엇을 좋아하는지에는 관심이 없다. 정말 필요한 엄마의 정보력이란, 내 아이가 어떻게 하면 행복하게 살 수 있는지, 현재의 심리상태가 어떤지 파악하는 것이 아닐까. 학업성적으로 스트레스를 받아서 아이가 잘못된 생각을 하고 있다면? 상상만 해도 아찔하다. 작은 것에서 행복을 느끼도록 아이에게 사랑과 관심을 전해 주자.

지금 우리는 100세 시대에 살고 있다. 사회적인 환경은 그 어느 때보다 빠르게 변화한다. 자녀가 명문대를 졸업하고 대기업에 취업하는 것을 강요하는 것은 어떻게 보면 시대를 역행하고 있을지도 모른다.

미래에는 현재 사람이 하는 많은 업무를 기계가 처리하게 된다고 한다. 그러면 결국에는 지금 존재하는 많은 직업이 사라지게 될 것이 분명하다. 지금 좋은 직업이라고 생각하는 것이 미래에는 없어질 수도 있다는 뜻이다.

2030년까지 전 세계에서 20억 개의 일자리가 사라질 것이라고 한다. 과거에는 선망의 직업이었던 것이 몰락하여 미래에는 없어지는 직업군으로 변할 가능성이 크다. 엄마의 잘못된 정보력이 아이의 인생을 망치고 있을지도 모른다.

지금 이 시간에도 엄마의 교육에 대한 열정과 정보력 때문에 많은 아이들이 사교육에 시달리고 있다. 이 중에는 미래에 사라질 직업인이 되기 위해서 열심히 공부하는 아이들도 있을 것이다. 아이가 공부보다는 인생은 살아갈 만하다는 생각을 가질 수 있도록 도와주어야 한다. 일상생활에서 소소한 것에 만족감과 행복감을 가질 수 있도록 도와주자.

세상에서
가장 바쁜 아이들

우리나라 아이들은 항상 긴장 상태다. 모든 것을 남들과 경쟁하려고만 생각하기 때문이다. 그래서 우리나라 아이들이 공부는 잘하지만 행복지수가 낮은 것이다.

아이들은 미래에 대한 꿈을 꾸지 못하고 부모가 원하는 대로, 시키는 대로 공부만 하면서 살아가고 있다. 늘 바쁜 부모 밑에서 아이들은 학교와 학원을 쳇바퀴 돌 듯 다니느라 친구 사귀기에 어려움을 겪는다. 대학교 다닐 때는 스펙을 쌓느라 정신없이 보낸 보내고 취직에 성공하면 직장 동료조차 믿지 못하는 사람으로 성장하여 외로운 사람으로 인생을 살아가게 된다.

"마음을 나눌 진짜 친구가 있습니까?"라는 질문을 받는다면 자신 있게 대답할 사람이 몇 명이나 될까.

현재 다른 사람과의 관계에서 마음을 터놓고 이야기할 사람도 없고 주변 사람들에게 다가가는 방법을 몰라서 고립되어 사는 사람들이 많아지고 있다. 우리 주변에도 많이 있을 것이다. 인터넷이 발달하여 수많은 종류의 소셜네트워크서비스(SNS)로 친구 맺기가 넘쳐나는 이 시대에 진짜 속마음을 나눌 수 있는 친구가 없다는 것은 안타까운 현실이다.

요즘 아이들은 어른들보다 더 바쁘다. 마치 공부하려고 태어난 것 같다. 예전에 비해서 어린 나이에 점점 더 많은 것을 잘해야 하는 사회적인 분위기가 전반적이다. 경제적인 수준이 높아지고 자녀의 수는 줄어들면서 부모의 관심이 그 어느 때보다 커졌기 때문이다.

경쟁은 아이가 태어나면서부터 시작된다. 옆집 아이보다 먼저 걷고, 말을 빨리 하고, 한글을 빨리 떼는 아이로 커야 한다고 생각한다. 공부에서도 마찬가지다. 어린이집이나 유치원이 끝나면 학원에 가거나 학습지를 풀면서 시간을 보낸다.

1학년 아이 엄마인 S가 어느 날 나에게 물었다.

"우리 아이가 초등학교 1학년인데요. 태권도, 수영, 영어, 수학, 피아노, 미술, 논술, 속독 학원에 보내고 있어요. 다른 사람들이

다 보내니까 저도 아이를 학원에 보내는데 꼭 이렇게 많이 보내야
하나요? 아이가 너무 힘들어해요."

"어렸을 때 학원을 너무 많이 보내면 아이가 나중에 질려서
공부를 안 하게 될 가능성이 많습니다."

유치원 때까지 사교육에 무관심하던 엄마들도 아이가 초등학
교에 입학하게 되면 조바심이 생긴다. 다른 아이들은 다 사교육을
시키는데 우리 아이만 안 시키면 괜히 뒤쳐질 것 같은 불안감이
엄습한다. 그래서 학원에 보내고 과외까지 하지만 사교육비만 늘
어날 뿐 아이의 성적은 신통치 않다. 어릴 때부터 공부에 시달린
아이들은 이미 공부에 대한 의욕이 낮아졌기 때문이다.

통계청 통계 자료에 따르면 매달 한 아이의 사교육비가 약 24만
원 정도라고 한다. 자녀가 두 명인 집에서는 매달 50만 원 정도의
사교육비를 지출하게 된다. 사교육비 때문에 가계 부담은 늘어나고
있는 상황이다. 아이가 여러 학원에 다니면 자기 주도적인 학습능
력을 기를 시간이 부족해진다. 친구들과 뛰어노는 시간이 많아야
주도적으로 생각하고 공부할 수 있다.

Y는 지인의 딸이다. 부모는 모두 공무원이었는데, 딸에 대한
기대가 컸다. 좋은 대학을 보내기 위해서 일찍부터 선행학습을 시
켰다. 학업 성적을 높이기 위해 학원을 여러 군데 다니느라 쉴 틈
이 없었다. 다행히 Y는 고등학교 때까지 1등을 놓치지 않았다. 담

임 선생님은 시험기간이 되면 반 성적을 높이기 위해서 Y의 청소 당번을 바꿔 주기도 했다. 그렇게 오로지 공부에 몰입한 결과 명문대에 입학하게 되었다. 문제는 대학교 입학하면서부터 시작되었다. 대학생활에 잘 적응하지 못했기 때문이다. 그동안은 항상 남이 시키는 대로, 알려 주는 것만 공부하고 행동하다 보니 스스로 하는 방법을 몰랐다. 결국 Y는 학교를 자퇴하고, 사람들을 만나기 싫어해서 집 밖으로 나가지 않고 있다.

부모가 아이의 인생에서 최소한의 도움만 주는 조력자가 되어야 하는데, 자기의 인생처럼 마음대로 좌지우지한 결과다. 항상 부모가 시킨 것만 하다 보니 아이는 성인이 되어서도 혼자 할 수 있는 것이 없다. 주도적으로 결정하지 못하고 부모에게 의지하다 보니 어른이 되어서도 결정하고 계획하는 것이 불안하고 항상 걱정에 시달리게 되는 것이다. 결국은 사회생활을 제대로 유지하기가 어려워진다.

《몰입공부》의 저자 유하림은 고등학교 때까지 외국 한 번 나가 보지 않았다. 그러나 그는 미국 노스웨스턴 대학교에 우수한 성적으로 합격했다. 공부를 싫어했던 저자에게 찾아온 변화는 고등학교 1학년때였다. 바로 '친환경 경제학자'라는 꿈이 생긴 것이다. 꿈이라는 씨앗 하나가 강한 원동력이 되어 열정적으로 공부에 몰입할 수 있었다. 시험 성적을 높이기 위한 벼락치기식 공부가 아니라 학원에 다니지 않고 혼자 공부하면서 원리를 알려고 노력했다.

그 결과 다녔는데도 영어를 원어민처럼 구사했다. 고등학교를 다닐 때까지도 수학을 잘 하지 못했지만, 더욱 분발하여 미국 명문대 최연소 수학조교까지 되었다.

그는 유학원의 도움 없이 혼자 주도적으로 유학생활을 해 나갔다. 대부분의 유학생들이 유학원의 도움을 받아 유학생활을 시작하는 것과는 많이 달랐다. 자기주도적인 학습으로 유학생활을 성공적으로 할 수 있었고, 마침내 글로벌 인재로 성장하게 되었다.

미국에서는 대학에 입학하는 것보다 제때 졸업하는 것이 어렵다고 한다. 우리나라 학생들이 미국 대학교에 입학은 많이 하지만 졸업을 하지 못하는 이유가 바로 여기 있다. 자기주도적인 학습이 되어있지 않기 때문이다.

한국에서는 학원을 다니면서 가르쳐 주는 것만 배우고, 유학을 시작하면서는 유학원의 도움을 받는다. 그러나 무엇이든지 자기가 해결해야 하는 유학 생활을 견디지 못하기 때문에 중간에 포기하는 경우가 많다고 한다. 우리나라의 주입식 교육적으로는 창의성과 자율성이 필요한 외국의 대학생활에 적응하지 못했기 때문이다.

지금 이 시간에도 우리 아이들은 공부하느라 세상에서 가장 바쁜 일상을 보내고 있다. 부모는 아이에게 자기주도적인 학습 능력을 기를 시간을 제공해 주고 꿈을 이룰 수 있게 도와줘야 한다. 자신을 사로잡는 꿈만 보고 미친 듯이 나아간다면 학원에 가지 않고도 혼자만의 학습법으로 글로벌 인재로 도약하게 될 것이다.

육아, 교육에도
유행이 있다

자식을 기르는 부모야말로 미래를 돌보는 사람이라는 것을 가슴속 깊이 새겨야 한다.
자식들이 조금씩 나아짐으로써 인류와 이 세계의 미래는 조금씩 진보하기 때문이다.
– 칸트 –

한때 호랑이처럼 무섭게 아이를 키우는 '타이거 맘'이 유행한 적이 있었다. 타이거 맘은 자녀를 교육시킬 때 엄격한 관리를 하면서 일일이 통제한다. 타이거 맘으로 유명한 예일대 교수 에이미 추아가 있다. 그녀는 저서 《타이거 마더》에 엄격한 기준으로 자녀를 교육한 내용을 담았다.

그녀는 학교 공부에 엄격한 기준을 두었다. 무조건 전 과목 A학점을 받아야 하고, 특별활동도 메달을 딸 수 있는 것만 하며 무조건 금메달을 따라고 강요했다. 또 아이들에게 피아노와 바이올린을 하루 대여섯 시간 연습을 시키는 등 지나치게 강압적으로 교육을 시켰다. 그런 그녀의 두 딸이 하버드대와 예일대에 동시에 합격하면서 주목받기 시작했다.

자녀의 미래를 위해서 지나치게 일일이 간섭하고 다그치는 타이거 맘은 우리 주변에도 많다. 아이들이 자신들보다 더 나은 삶을 살기를 원하기 때문일 것이다. 그래서 자녀를 대신해서 아이들의 미래를 위해 수집한 정보를 이용하여 공부 계획을 세우고 학원을 보낸다. 이렇게 엄마들의 주도하에 계획된 대로 척척 진행된다.

그 결과 아이는 좋은 성적으로 명문대에 들어가고, 대기업에 들어가지만, 항상 엄마에게 의지하게 된다. 무슨 일이 생기면 "엄마, 어떡하지?" 하며 자기가 결정해야 할 것을 엄마에게 묻는다. 어릴 때부터 부모가 정해 주는 것에 익숙해진 아이가 성인이 되어서도 자기 인생을 주도적으로 살아가지 못하는 일이 생기고 있는 것이다.

며칠 전 공무원인 지인 A를 만났다. 업무 이야기를 하다가 사무실 직원 이야기가 나왔다. 서울의 유명 여대를 나온 이 직원은 자발적으로 업무를 처리하려 하지도 않고 일에 대한 의욕도 없다고 했다. 무슨 일이 생기면 엄마에게 매번 물어보고 엄마의 말에 따른다는 것이다. 심지어 직장 상사에게 서운한 부분이 있었던 걸 엄마에게 말했고, 그 엄마가 직장 상사에게 문자 메세지를 보내 딸에게 사과하라고 했다는 황당한 이야기를 들었다.

대학교를 졸업하고 나이가 서른 살이 넘어서도 자기 일을 제대로 못하고 직장에서 일어난 일을 시시콜콜 엄마에게 전했다는 것도, 그 이야기를 듣고 엄마가 직장 상사에게 따졌다는 것도 너무나 당황스러웠다. 24시간 학습 스케줄을 짜 주던 엄마의 역할을 자녀가 성인이 되어도 계속 하는 것 같아 안타깝기도 했다.

엄마는 아이를 믿어 주고 아이가 잘 하지 못하더라고 기다려야 한다. 그래야 스스로 원하는 것을 찾아 주도적인 삶을 찾을 수 있다.

우리나라에서 북유럽 스타일 스칸디 육아법이 유행한 적이 있었다. 스칸디 육아법이란 덴마크, 노르웨이, 스웨덴, 핀란드 등의 북유럽 자녀교육법이다. 북유럽 부모들은 아이와 최대한 많은 시간을 함께 보낸다. 아이와 소통하고 정서적으로 교감하여 자립심과 자발성을 키워 주려고 남다른 배려를 한다. 이런 배려 속에서 아이는 살아 있는 자연에서 배우고, 스스로 질문하고, 문제를 풀어 나가는 법을 깨우치는 것이다.

정서적으로 교감이 중요한 역할을 하는 시기에 부모와의 교류는 아이의 인성 발달에 큰 영향을 미친다. 스칸디 육아법의 특징은 부모와 아이의 관계를 대등하게 하고 독립성을 키워 주기 위해 노력한다는 것이다. 어릴 때부터 체력을 키우고 오감 발달을 위해 자연에서 뛰어 놀게 한다. 일상 자체가 놀이이자 교육인 것이다. 특히 아빠의 적극적인 육아 참여가 주목을 받았다. 그러나 스칸디 육아법에 대해 부정적인 견해도 있다. 스칸디 육아법은 너무 아이중심이라서 아이들이 버릇이 없어진다는 것이다.

다비드 에버하르드는 그의 저서 《아이들은 어떻게 권력을 잡았나》에서 이렇게 말했다.

"스웨덴 부모의 지나친 아동 중심 육아가 버릇없는 아이들을 만들었으며, 부모가 가족 내에서 권력을 되찾아야 된다. 부모가 부모로서 권위를 행사하고 아이가 바른 길로 갈 수 있도록 적절히 훈육할 때 비로소 아이는 올바르게 자랄 수 있다."

부모는 아이를 키울 때 애착과 훈육 사이에서 갈등을 느낀다. 애착을 중시하면 아이들이 버릇이 없게 크고 훈육을 중시하면 아이가 마음에 상처를 받는 일이 생기기 때문이다. 무슨 일이든 중간을 유지하기가 어려운 것 같다.

평소에 나는 아이들의 요구를 거의 들어주는 편이었다. 아이들의 의견을 존중하고 배려하면서 키우기 위해 노력했다. 모든 일에서 아이들이 내 삶의 우선순위였다. 아이들과 많은 시간을 소통하면서 정서적으로 공감대를 형성하려고 노력해 왔다. 아이들이 잘못을 해도 되도록이면 혼내지 않으려고 했다. 아이들을 대등한 관계로 대하다 보니 시간이 지날수록 제멋대로 행동하는 상황이 많이 생겼다. 아이들에게 잘해 주면 잘해 줄수록 아이들을 통제하기가 어려워지는 것을 발견하게 되었다.

반면에 아이들의 아빠는 아이들에게 잘해 주다가도 아이가 바르게 행동하지 않으면 무섭게 혼내기도 했다. 똑같은 상황에서 아이들에게 내가 말하면 쉽게 되지 않던 일이 아빠가 말하면 더 빨리 진행되는 것을 볼 수 있었다. 그 뒤로 나는 아이들을 키우면서 상황에 따라서 때로는 무서운 타이거 맘이 되었다가 또 배려심 많은 스칸디 맘이 되기로 했다. 그래서 시중에서 유행하는 육아법을 전적으로 믿지 않고 나의 상황에 맞는 부분만 육아에 적용하고 있다.

육아는 정말 힘들지만 또 한편으로는 대단한 일이다. 아이를 어떻게 대하느냐에 따라서 아이의 성격과 가치관이 달라지기 때문이다. 아이가 너무 소중하다고 무조건적인 사랑을 베풀기보다는 적절한 훈육이 동반되어야 한다. 적절한 훈육과 애착 형성이 아이들을 바르게 자라게 할 것이다.

육아에는 정답이 없다. 타이거 마더나 스칸디 육아법이 모든 부모를 완벽하게 만들 수는 없다. 엄하게 훈육하는 '타이거 부모'와 아이의 의견을 존중하는 '스칸디 부모'의 장점과 단점을 파악하고 아이에게 알맞은 방법만 취해야 한다. 무조건적인 사랑과 배려보다는 적절한 훈육이 필요할 때도 있다. 우리는 아이를 올바르게 교육하고 스스로를 믿고 자신 있게 행동하는 부모가 되기 위해 노력해야 한다.

육아법마다 장단점이 있다. 각 나라마다 육아의 방식이 달라서 어떤 것이 맞고, 어떤 것이 틀렸다고 할 수 없다. 앞의 사례들에서 보듯이 육아에는 정답이 없다. 내 아이의 성장 속도와 아이의 기질에 따라 적절하게 교육방법을 적용해야 한다. 그러려면 내 아이를 잘 관찰해야 한다. 아이의 기질을 잘 파악하고 아이와의 공감도 우선적으로 해 줘야 할 것이다.

아이를 키우는 방법에도 유행이 있다. 그러나 너무 유행에 연연하지 말고 내 아이만을 위한 일관성 있는 교육관을 만들어야 한다. 내 아이의 기질을 파악하고, 어떻게 해야 행복한지 잘 판단하는 것이 최고의 육아법이다.

엄마가 욕심을 버려야
아이가 바로 선다

며칠 전 초등학생 딸을 새벽 4시까지 공부시키는 엄마에 대한 뉴스를 봤다. 여자아이는 초등학교 4학년의 11살이었다. 사립학교 교사인 엄마는 아이를 방과 후에 여러 개의 학원을 보내고 집에 와서도 공부를 시키는 열성 엄마였다. 아이가 공부를 잘 하지 못하면 자존감을 떨어뜨리는 막말도 서슴지 않았다. 결국 아이의 아빠가 이혼 소송을 신청해서 아이의 양육권을 가지는 것으로 이혼을 했다는 뉴스였다.

이 뉴스를 보고 나는 엄마가 아이를 통해서 자신의 꿈을 이루려고 했다는 것을 알 수 있었다. 아이를 자신의 아바타로 여기는 것에서부터 문제가 시작된다. 아이를 자신과 동일시하여 부모가 이루지 못한 꿈을 대물림하는 것이다. 부모의 열등감이 아이를 과도하게 내몰고 있는 것이다.

부모는 아이가 성공하기 위해서는 성적이 중요하다고 생각해 많은 시간과 돈을 투자하게 된다. 잘되라고 하는 공부 때문에 아이들은 인생이 즐겁지 않고 힘들기만 한다.

"피아노 앞에만 앉으면 어렸을 때 엄마가 나를 하루 종일 묶어 놓고 연습시킨 것이 생각나서 힘들어요."

피아노를 전공하는 대학생의 이야기를 우연히 들었다. 피아노 앞에만 앉으면 어렸을 때 자신을 의자에 묶어 놓고 연습시키던 엄마의 환상에 시달린다고 했다. 그녀는 하루에 8시간씩 의자에 묶인 채로 엄마에게 매를 맞으면서 피아노 연습을 했다고 한다.

피아노를 치다가 틀리면 매를 맞으면서 수없이 반복하고 연습했다. 매질보다 더 참기 힘든 것은 엄마의 폭언이었다. 엄마에게 욕을 들을 때마다 '나는 정말 못난 사람인가 봐. 잘 하는 것도 없고'라는 생각에 자존감도 낮아졌다. 그러나 엄마가 너무 무서워서 열심히 연습하는 방법밖에 없었다고 했다. 이렇게 어렸을 때부터 사랑받지 못하고 정서적으로 학대받고 자란 사람은 사회적으로 성공을 한다고 해도 문제가 발생할 것이다. 사회생활을 하면서 다른 사람들과 원만하게 지내기는 힘들 것이기 때문이다.

내 아이가 성인이 된 후에도 행복하지 않고 서글픔과 원한에 가득 찬 의사, 변호사, 피아니스트로 출세하기를 바라는가? 이렇게 성공하여 아이가 평생 분노와 원한에 가득 찬 삶을 산다면 과연 행복한 삶일까? 무엇이 아이를 위해서 필요한 것인지 생각해 봐야 할 것이다.

부모는 아이가 성공적인 삶을 살기를 원한다. 자녀의 성공적인 삶을 위해서 엄마들은 많은 비용과 희생을 감수한다. 그런데 성공이란 의미를 아이가 많이 배우고 좋은 대학을 가는 것으로 착각하는 사람들이 많다. 그래서 위의 사례처럼 엄마의 기대와 강압에 못 이겨 원하지 않는 삶을 살게 되는 경우도 허다하다.

요즘 엄마들이 가장 신경 쓰는 것은 사교육이다. 아이들을 학원에 보내면서 아이와 엄마가 행복하게 보내야 할 시간이 희생되고, 엄마는 아이를 학원에 보내는 도우미(기사, 로드매니저)로 전락한다. 엄마들 사이에서 우스갯소리로 아이를 키우는 일 중에서 가장 중요한 것이 '학원에 시간 맞춰서 보내기'라고 말하기도 한다.

과연 사교육이 엄마의 막연한 믿음처럼 효과가 있는 것일까? 정말 이대로 괜찮은지 다시 한번 생각해 봐야 한다. 남들이 한다고 나 역시 우리 아이를 사교육 시장으로 내모는 것은 아닌가? 지금의 교육 방식에 무방비로 노출시켜도 될지 반성해 봐야 한다.

'정말 우리 아이에게 무엇이 정말 필요한가?'

아이에게 가장 중요한 것은 무엇보다도 엄마와 함께 보내는 시간일 것이다. 아이는 엄마의 사랑과 관심을 받으면서 행복하게 살아가야 한다. 행복하게 뛰어놀면서, 잠도 푹 자야 한다. 충분한 휴식을 취하게 하고 잠을 푹 자게 하는 것도 엄마가 아이를 위해 해야 하는 중요한 역할이다.

첫째 소윤이가 돌이 지난 뒤 얼마 되지 않았을 때 함께 산책을 하고 있었다. 그런데 지나가던 사람이 소윤이가 몇 개월이냐고 물었다. 아이가 12개월이라고 말해 줬더니 명함을 주면서 학습지 한번 시켜 보라고 했다. 난 아기에게 벌써 무슨 학습지냐면서 거절했다.

아이는 건강하게 자라고 즐겁게 놀면 된다고 생각했던 때였다. 거의 40개월이 될 때까지 책 한 권도 사지 않고 아이를 키웠다. 그러다가 둘째 수연이를 낳고 나서 육아휴직을 했다. 첫째 때는 출산휴가만 쉬고 회사에 복귀하여 직장 다니며 아이를 키우는 데 정신없었다. 다른 것은 생각할 시간도 여유도 없었다.

나는 육아휴직을 하고 나서 그동안 관심 갖지 못했던 아이 교육에 대해 생각해 봤다. 그동안 너무 아이의 교육에 무관심했다는 것을 깨달았다. 그러던 중 육아교육서를 구입해 읽었는데 책육아로 성공한 사례를 보았다.

'아이들에게 책을 사서 읽어 줘야겠구나'라는 생각이 들었다. 그때부터 아이의 책을 구입하기 시작했다. 그러나 아이에게 시도 때도 없이 무작정 책을 읽어 줘서 아이가 책을 싫어하게 만들고 싶지는 않았다. 그래서 아이가 원할 때만 책을 읽어 주거나 자기 전에만 읽어 주었다.

소윤이 또래 아이들은 여러 가지 학습지로 공부하고 학원도 다닌다. 나는 소윤이가 너무 빨리 공부를 시작하면 오히려 공부할 시기에 흥미를 느끼지 못하는 게 아닐까 걱정이 되었다. 그래서 학습지나 학원은 시키지 않고 있다.

학습지 선생님은 일주일에 한 번 방문하여 15분 정도 공부를 가르친다. 나는 일주일에 한 번 오는 학습지 선생님보다 직장은 다니지만 엄마랑 있는 시간이 더 중요하다고 생각했다. 그래서 아이들에게 틈틈이 책을 읽어 주고 영어노래를 들려주면서 따라 부르게 했다. 이것이 그동안 내가 아이를 키우면서 한 교육의 전부다. 나는 아이가 원하지 않으면 되도록 강제로 시키지 않으려고 한다.

소윤이는 작년 여름부터 아파트 단지 내에서 하는 발레수업을 받았는데, 11월까지는 잘 다녔다. 12월부터 발레는 배우지 않겠다고 하기에 아이의 의견을 받아들였다. 그러던 중 수연이가 발레를 다닌다고 하자 다시 소윤이도 하고 싶다기에 같이 시작한 지 2주일째 되었다. 난 그저 지금처럼 아이가 건강하게 커 주고 행복하게 생활하는 것으로도 만족한다. 아이가 커서 무슨 일을 하든지 본인이 행복하다면 계속 응원하고 지지해 줄 것이다. 내 아이가 편안하고 행복하게 사는 것이 내가 바라는 것이다.

엄마라면 누구나 아이의 행복한 인생을 꿈꾼다. 그러기 위해서는 엄마가 욕심을 버려야 아이가 바로 선다. 모든 사람들이 다 한다고, 무턱대고 내 아이에게도 강요해선 안 된다. 옆집 아이와 비교하지 말고 내 아이가 어제보다 오늘 하나라도 나은 점이 있다면 칭찬해 주는 태도를 가져야 한다. 내 아이에게는 나만의 교육원칙을 정해서 일관성을 지켜야 한다.

아이가 어렸을 때 부모와 많은 시간을 같이 보내면서 정서적인 유대관계를 잘 형성해 놓는 것도 중요하다. 나중에 성인이 되어서도 행복한 기억을 되새겨 보면서 좋은 감정으로 살아갈 수 있을 것이다.

부모는 아이가 자신의 인생에 만족하며 행복한 마음으로 살아가게 도와주는 것이 최종목표다. 남을 배려할 줄 알고 주변 사람들과 소통할 수 있는 성격 좋은 사람으로 자라나게 돕는 것이 부모의 역할이다. 아이를 있는 그대로 인정해 주고 사랑해 준다면 어느 날 아이는 훌륭하게 성장해 있을 것이다.

07 잘못된
인터넷 정보에 속지 마라

경험은 실수를 거듭해야만 서서히 얻게 된다.
- J.A.푸르드 -

인터넷에는 정보의 바다라고 할 만큼 많은 정보가 있다. 우리가 마우스만 클릭하면 기다렸다는 듯이 다양한 정보를 쏟아 낸다. 현대 사회는 스마트기기의 대중화로 인터넷 사용이 쉬워졌다. 육아 역시 인터넷 정보에 많이 의존하게 된다.

아이가 열이 나고 아플 때 엄마는 당황하게 된다. 열이 너무 올라서 아이가 꼭 죽을 것만 같은 두려움을 느낀다. 밤새 아이의 열이 떨어지는지 확인하느라 한숨도 자지 못한다. 그러면서 약을 먹여야 하나 먹이지 말아야 하나 고민하게 된다. 약을 많이 먹이면 내성이 생겨서 안 좋다는 정보를 인터넷에서 봤기 때문이다. 약을 먹이지 않고 자연요법으로 열을 내리게 하는 방법, 젖은 양말을 신기고 발에 봉지를 씌워서 양말이 마르면 또 물을 적셔서 하는 방법도 있었다. 나도 이런 방법으로 똑같이 하다가 진전이 없을 땐 밤새 혼자 전전긍긍하다가 결국엔 또 인터넷 검색을 한다. 해열제를 안 먹이고 자연적인 방법으로 떨어지게 해야 할지 아니면 해열제를 먹일지 고민한다. 해열제를 먹인다면 몇 시간 간격으로 먹어야 하는지 검색도 해 본다. 해열제를 한 번 먹여도 열이 떨어지지 않으면 또 다른 해열제를 언제 어떻게 먹여야 하는지도 검색해 본다.

나는 초보 엄마 시절 약을 많이 먹이면 아이에게 좋지 않다는 말을 듣고 되도록 먹이지 않으려고 노력했다. 항생제도 되도록 먹이지 않으려고 약을 약하게 주는 병원을 찾아다녔다. 대기 인원이 많아서 2시간 기다리는 것은 예사였지만 아침, 저녁으로 하루에 두 번씩 병원에 가는 날도 있었다. 혹시나 한 끼라도 아이가 약을 먹지 않으면 안될 것 같아서 큰아이와 작은아이를 데리고 아침저녁으로 병원에 다닌 적도 있었다. 아이가 열이 나도 해열제를 되도록 먹이고 싶지 않았다. 독한 약을 먹으면 힘들 것 같았기 때문이다.

그런데 알고 보니 해열제는 항생제와 달라서 많이 먹는다고 내성이 생기지 않는다고 한다. 아이가 열이 날 때는 해열제를 먹이는 것이 먹이지 않는 것보다 낫다는 것이다. 아이가 열이 날 때는 며칠 정도 해열제를 먹이는 것도 괜찮다.

일부에서는 약을 먹이지 않고 자연적으로 열이 떨어지게 하는 방법이 유행하여 아이가 열이 나더라도 해열제를 먹이지 않는 엄마들이 있다. 그러나 이것은 아주 위험한 행동이다. 아이가 열이 오르는데 해열제를 먹이지 않는다면 경기로 넘어가서 아이가 더 위험해질 수 있기 때문이다. 아이가 열이 날 때는 해열제를 용량과 용법에 맞게 줘야 한다.

아이를 키우면서 엄마가 가장 먼저 생각하게 되는 것이 바로 건강이다. 그 무엇보다 아이가 건강하게만 자라기를 기도한다. 아이가 아프다면 당사자인 아이가 제일 힘들겠지만 엄마도 그에 못지않게 힘들다. 아이가 보채니까 잠을 제대로 자지 못해서 육체적으로 힘들고 혹시 내가 잘못해서 아이가 아프지 않나? 하는 생각에 마음도 아프기 때문이다.

첫째 소윤이를 비교적 늦은 나이인 38살에 낳아서 '아이를 어떻게 키워야 잘 키울까'라는 고민을 많이 했다. 그러나 워킹맘으로 생활하다 보니 육아정보에 대해 인터넷으로 알아보려는 시도를 하지 못했다. 해결하기 어려운 문제가 생기면 지인들에게 물어보는 경우가 많았다. 그러다가 수연이를 낳으면서 육아휴직을 하게 되었다.

육아휴직을 하면서 마음의 여유가 생겨 인터넷에서 육아정보를 검색하게 되었다. 인터넷에서 찾아보니 책 육아를 하여 아이가 영재로 자라고 영어를 잘하게 되었다는 내용이 있었다. 초등학교 4학년 아이가 해리포터를 원서로 읽고 자기 생각을 영어로 20장 이상을 쓸 수 있다는 것을 보고 나도 노력하고 싶었다. 아이를 잘 키우는 엄마를 넘어 아이를 잘 키웠다는 소리를 듣는 엄마가 정말 되고 싶었다. 이런 인터넷 정보를 접하면서 '나도 아이에게 책을 많이 읽어 줘야겠다'는 생각을 하게 되었다. 나도 우리 아이를 영재로 키우고 싶은 욕심이 생겼던 것이다.

육아맘 카페에 가입하고 날마다 오는 상업적인 이메일과 쪽지를 보면서 우리 아이에게 무슨 책을 사 줄까 고민하게 되었다. 그리고 공동구매라서 정가보다 훨씬 저렴하다는 말에 책을 사고 영어 공부에 좋다는 DVD들을 사들였다. 영어 CD가 훼손될까 봐 MP3로 변환하는 작업도 수도 없이 많이 했다. MP3로 변환한 파일들을 USB에 담아 아이에게 틈만 나면 틀어 주었다. 영어에 많이 노출시켜야 아이가 영어를 잘한다는 인터넷 정보에 심지어 잠을 잘 때도 영어 동요를 틀어 준 날도 많았다.

그러던 어느 날 인터넷 뉴스를 보게 되었다. 책 육아의 후유증으로 유사자폐증을 겪는 아이들의 이야기가 나왔다. 나는 이 뉴스를 보면서 그동안 내가 '책만 많이 읽히면 똑똑한 아이로 키울 수 있다'는 잘못된 인터넷 정보에 속았다는 것을 알게 되었다. 그래서 더 이상 인터넷 정보를 믿지 않기로 했다. 인터넷 정보를 활용하더라도 잘 알아보고 내 아이에게 적용해야겠다는 다짐을 했다.

최고의 육아는 아이와 정서적으로 교감하는 것이다. 이를 깨달은 후 나는 아이들과 보내는 시간을 보다 의미 있게 활용하는 데 집중하게 되었다.

같은 아파트 단지에 친하게 지내는 젊은 새댁이 있다. 새댁은 얼마나 욕심이 많은지 나를 만날 때마다 책을 추천해 달라고 한다. 내가 학교에서 근무를 하다 보니 아이들에게 좋은 책을 많이 알고 있을 것 같다는 것이 이유다. 며칠 전 새댁의 집에 갔는데 깜짝 놀랐다. 아직 돌도 되지 않은 아이에게 몇 백만 원짜리 전집을 몇 세트씩 사 준 것이다. 아이는 누가 오는지도 신경 쓰지 않고 혼자서 방 한쪽에서 책만 멍하니 보고 있었다.

젊은 새댁은 아이가 하루 종일 책만 찾는다고 자랑스럽게 이야기했다. 자기가 목이 쉬도록 책을 읽어 주면 아이는 눈동자도 움직이지 않고 새벽까지 책을 본다고 했다. 이런 상황을 보고 나는 처음에 뭣도 모르고 아이에게 책을 많이 읽히려고 했던 것이 떠올랐다. 젊은 새댁도 단순히 책을 많이 읽어 주면 좋다는 인터넷 정보에 속아서 아이를 망치고 있다는 생각이 들어 안타까웠다. 그래서 나는 내가 알고 있는 책 육아의 부작용에 대해 알려주었다. 아이와 정서적 교감 없이 책만 많이 읽어 주면 잘못하다가 영재와 거리가 먼 발달 장애가 되고 자폐아가 될 수 있다는 것을 말해 주었다. 새댁도 깜짝 놀라는 표정이었다.

　연세대학교 의과대학 소아정신과 교수 신의진은 최근 유아기의 과잉 독서붐에 대해 이렇게 말한다.

　"유아들에게 많은 책을 읽히는 것은 돈 들여 아이를 망치는 일입니다. 심각합니다. 책도 읽히지 말고, 문자도 가르치지 마세요. 그냥 놀게 하세요. 적어도 5세까지는 하나님이 그거 하라고 한 나이입니다. 지금 우리 엄마들이 하는 독서 교육은 아이 발달 과정에 완전히 역행하는 거예요."

　세상의 모든 엄마들은 아이를 최고로 키우고 싶은 마음이 있다. 이런 마음을 이용해 인터넷에 상업적으로 과도하게 홍보하는 업체들도 잘못이 있다고 생각한다. "비싼 책을 사 줘야 아이가 똑똑해 진다."는 홍보성 정보를 보고 고민하지 않을 엄마는 세상 어디에도 없다.

　아이가 똑똑해진다면 빚이라도 내서 책을 사 주고 싶은 것이 엄마들의 마음이다. 그래서 아이를 잘 키우기 위해 날마다 인터넷에서 육아에 좋다는 정보를 찾는 데 시간을 허비한다. 이렇게 시간을 허비하는 대신 아이와 정서적인 교감을 더 나누기 위해 노력하면 어떨까? 아이들과의 정서적인 교감과 집에 널려 있는 생활 도구로 하는 놀이가 아이를 더 행복하게 만들 것이다.

　잘못된 인터넷 정보에 속지 않으려면 어떻게 해야 할까? 인터넷 정보를 꼼꼼히 알아봐야 한다. 그리고 아이에게 적용하기 전 반드시 그 정보에 대해서 장단점을 살펴봐야 한다. 같은 인터넷 육아정보를 아이에게 적용하였다 하여도 결과는 다양하기 때문이다.

책 유아로 아이를 영재 또는 이중 언어 구사 가능자로 키운 사람이 있는 반면 아이를 유사자폐아나 발달장애아로 키운 사람들도 있다. 그렇지만 문제가 있고 실패한 경험에 대해서는 숨기는 경우가 많고, 잘된 사례는 많이 홍보한다. 그렇기에 인터넷 정보를 우리 아이에게 적용시키기 전에는 꼭 시간을 두고 알아볼 필요가 있다.

인터넷 정보를 사용할 때는 꼼꼼한 분석을 통해서 검증된 정보인지 확인하는 것이 중요하다. 그렇지 않으면 잘못된 인터넷 정보에 속게 된다. 인터넷 정보를 믿기 전에 아이의 발달 상황과 기질에 대해 더 공부하려고 노력해야 한다. 이렇게 해서 아이 양육에 대한 지식을 갖추고 있다면 문제가 생겼을 때 당황하지 않고 해결할 수 있을 것이다.

아이에게는
자기만의 성장 속도가 있다

"아이가 몇 개월인가요?"

"17개월입니다."

"그럼 걸을 수 있나요?"

"네. 우리 아이는 돌 때부터 걸었어요."

"네. 그렇군요. 저희 애는 아직 안 걷네요. 우리 아이도 17개월인데요."

"첫째 아이가 17개월이 지나서 걸었어요. 걱정 마세요."

오늘도 나는 아이를 데리고 지나가는 동네 엄마에게 물어본다. 둘째 수연이가 걷기도 늦고 말도 늦어서 좀 답답하고 걱정이 되는 마음에 아이를 데리고 지나가는 엄마를 붙잡고 물어보게 된다. 엄마들 대답은 다 걷기도 빨리 했고, 말도 잘한다고 대답했다.

우리 수연이만 이렇게 늦어지는 것이 걱정되고 조바심이 났다. 친정 엄마도 전화통화에서 수연이가 걷는 게 늦는다고 걸음마 연습을 시키라며 걱정했다. 어린이집 선생님도 "다른 친구들은 다 걸어 다니는데 수연이만 놀이터에 갈 때 유모차를 타고 갑니다. 유모차에 가만히 앉아서 다른 아이들 노는 것을 보고 있는 수연이가 좀 안쓰러워요."라고 하셨다. 그래서 더 많이 걱정을 하게 되었고, 혹시나 걷지 못할까 봐 한동안 애를 태웠다. 그런데 얼마 지나지 않아 수연이가 걷기 시작했다. 지금은 빨리 걷기 시작했던 아이들보다 더 안정적으로 걷는다고 어린이집 선생님도 칭찬해 주었다.

아이들은 저마다 성장 속도가 다르다. 보통 돌 무렵 걸음마를 시작하고, 차츰 한 걸음씩 걷기 시작한다. 그런데 우리 수연이는 17개월이 지나도 걷지 못했다. 나는 아이가 걷지 못할까봐 덜컥 겁이 났다. 내 아이가 또래에 비해 걷기가 느리고 말이 느리면 겁이 나기 마련이다. 그러나 엄마는 아이의 발달상 개인차를 인정하고 수용하는 자세로 아이의 가능성을 믿어야 한다.

소윤이가 다니는 유치원에서는 1년에 2번 상담 시간을 갖는다. 상담하면서 선생님에게 맨 처음 질문하는 것이 "우리 소윤이 유치원에서 어떤가요?"이다. 소윤이는 12월 28일생이라서 다른 친구들에 비해 거의 1년 차이가 난다. 내심 수업 진도를 따라 가지 못할까 봐 걱정됐다. 담임 선생님의 객관적인 관점으로 볼 때 아이가 어느 수준인지 궁금하기도 하고 아이에 대해서 정말 알고 싶기도 했다.

선생님의 입장에서 본 아이와 집에서 엄마가 보는 아이는 차이가 있을 수밖에 없다. 엄마이기 때문에 객관적으로 보기가 힘들다. 그러나 때로는 아이를 최대한 객관적인 관점에서 봐야 한다. 아이를 있는 그대로 받아들이고 인정해야 한다. 그리고 내 아이가 얼마나 행복한지 살펴봐야 한다. 아이가 어떤 상태인지 아는 것이 중요하기 때문이다.

아이의 발단 단계와 상태를 파악하고 그 시기에 맞는 교육을 하는 것이 중요하다. 아이를 키우는 것은 수학공식처럼 정답이 정해져 있지 않기 때문에 주위 환경과 발달상황 등 여러 가지를 살펴서 교육을 해야 한다. 그러나 우리나라는 지금 과도한 조기교육에 익숙해져 있다.

조기교육은 아이의 발달 속도와 상관없이 공부를 잘해야 한다는 목적을 갖고 일찍부터 교육을 시키는 것이다. 조기교육의 열풍 속에서 기저귀를 차고 문화센터에서 한글과 영어를 배우는 아이들이 늘어났다. 또 대부분의 부모들은 아이가 초등학교에 들어가서 공부에 어려움을 겪지 않도록 미리 교육을 시키는 경우가 많다. 한마디로 선행학습의 개념으로 교육이 이루어진다. 그러나 조기교육은 부모들이 생각하는 것처럼 성적을 많이 올려 주지 못한다. 부모의 욕심으로 인해 어린 나이부터 아이가 공부하면서 겪는 고통이 너무 크다. 나는 개인적으로 선행학습에 시간과 비용을 투자할 가치가 없다고 생각한다. 또 조기교육은 장기적으로 볼 때 아이들에게 공부에 대한 거부감을 일으킬 수 있다. 사교육을 과도하게 받은 아이는 우울증도 겪게 된다고 한다.

어렸을 때 공부를 잘한 것이 끝까지 유지되는 것도 아니다. 아이의 성적은 인생의 전부가 아니다. 아이의 성적을 고민하기보다는 아이가 커서 어떤 삶을 살 것 인지를 생각해 봐야 한다. 그러기 위해서는 부모가 내 아이에 대해서 잘 알아야 한다. 내 아이는 부모인 내가 가장 잘 알고 있다. 아이에게 맞는 배움의 적당한 시기를 알아볼 수 있는 사람도 부모다. 내 아이의 발달 상황과 환경에 맞게 배울 수 있는 정확한 시기를 찾아 아이를 가르쳐 보자.

과거에도 자기만의 성장속도로 성장하여 유명해진 사람들이 있다. 독일의 시인 괴테와 우리나라의 김득신이다.

독일의 시인 괴테는 《파우스트》라는 대작을 82세에 완성했다. 오랜 시간 동안 끈기 있게 노력을 기울여서 초고를 쓰기 시작한 지 60년 만에 드디어 완성한 것이다. 《파우스트》는 괴테라는 한 인간이 포기하지 않고 꾸준히 자신이 정한 길을 나아간 결과였던 것이다. 이것은 괴테에게 있어서 하나의 신념과도 같은 믿음의 길이었다.

김득신은 머리가 둔해 10살이 돼서야 겨우 글을 배우기 시작했다. 그러나 배우면 바로 잊어버리는 탓에 주변 사람들이 김득신에게 글공부를 하지 말라고 할 정도로 심각했다고 한다. 그러나 김득신은 주변 사람들의 멸시에도 성실히 노력하는 자세로 공부를 했다. 그 결과 김득신은 스무 살에 글을 지을 수 있었다. 스무 살의 나이면 남들은 과거에 합격하는 나이였다. 그러나 김득신은 다른 사람들과 비교하지 않고 꾸준히 공부했고 결국 자신만의 특별한 공부 방법을 찾아냈다. 그 방법은 한 권의 책을 외울 때까지 여러 번 읽는 것이었다. 김득신은 책 한 권을 백 번, 천 번, 만 번 심지어 억 번을 읽었다. 김득신의 서재가 '억만재'인 것은 글을 읽을 때 1만 번을 넘게 반복하여 읽었다고 해서 붙여진 이름이다.

괴테나 김득신처럼 포기하지 않으면 결국에는 원하는 것을 이룰 수 있다. 인생은 달리기처럼 빨리 시작했다고 해서 빨리 성공하는 것이 아니다. 사람마다 속도가 다르기 때문이다.

일 처리에서도 마찬가지로 각자의 속도가 있다. 일을 빨리 끝내는 사람, 아니면 천천히 정해진 기간 안에 하는 사람, 정해진 기간을 넘기는 사람 등 정말 다양하다. 이것이 개인의 속도이고 차이인 것이다.

우리의 진정한 모습은 각자의 속도에 맞춰 평생에 걸쳐서 완성된다. 조금 늦게 가더라도 방향이 맞아야 한다.

아이에게도 자신만의 성장 속도가 있다. 내 아이의 속도에 맞춰야지 엄마의 속도에 아이를 맞추면 안된다. 아이가 스스로 해낼 때까지 엄마는 기다려야 한다. 지금 발달이 조금 늦는다고 해서 평생 뒤처지는 것이 아니다. 또 지금 빨리 성장한다고 해서 평생 빠르게 가는 것도 아니다. 하지만 주변과 자꾸 비교가 되면서 마음이 무겁다면, 나의 휴대전화 010.8872.2678번으로 '아이의 성장 너무 속도가 느려 걱정이예요!' 라고 도움을 요청해 보자. 기꺼이 도움을 줄 것이다.

인생의 결과는 관 뚜껑을 닫기 전까지는 아무도 모른다. 아이에게 속도보다는 방향을 먼저 찾아 줘야 한다. 아이가 스스로 자기만의 속도로 즐겁게 성장할 수 있는 시간을 주어야 한다. 엄마의 속도가 아닌 아이의 속도로 세상을 바라보자.

아이를 놀게 하자

자연을 느끼고
배우게 하라

모든 교육의 기술이란 오직 어린이들의 마음 속에 있는 자연스러운 호기심을 깨우는 것으로,
그 목적은 나중에 그 호기심을 만족시키는 데 있다.
– 아나톨 프랑스 –

주위를 둘러보면 학습지를 하고 학원에 다니느라 초등학교 입학 전부터 마음대로 놀지 못하는 아이들이 있다. 그런 모습을 볼 때면 안쓰러운 마음이 든다. 때로는 다른 엄마들이 다 보내는 학원을 나만 보내지 않아서 '내 아이만 뒤처지지 않을까?' 하는 불안감이 들기도 했다. 하지만 아이들이 너무 어릴 때부터 공부에 치여 무기력하게 생활하는 것을 원치 않았다. 높은 성적이 과연 인생에서 행복과 성공으로 이어질 수 있을지 의문이 들었기 때문이다.

내가 근무하는 초등학교에는 5세~7세까지 3개 반으로 운영되는 병설 유치원이 있다. 그곳에서 근무하는 유치원 교사 P와 사교육에 대해 이야기를 나눈 적이 있었다. 그는 어린 나이인데도 불구하고 사교육에 시달려 수업시간에 의욕이 없고 매사에 무기력한 아이들이 점점 더 늘어나고 있다고 말했다. 정말 안타까운 일이었다. 이제 고작 다섯 살에서 일곱 살인 아이들이 있어야 할 곳이 어디인지 다시 한번 생각해 보게 되었다.

아이들은 놀이를 하면서 오감이 발달한다. 세상을 눈으로 보고, 소리를 들으며 냄새를 맡고, 손과 발로 느끼게 되는 것이다. 오감은 뇌의 정서 발달 및 지적 발달, 감성 발달, 육체 발달이 이루어지게 한다. 그렇기에 오감을 자극하는 전인적인 활동을 통해 아이들은 신체는 물론 정서적으로 발달하게 되는 것이다.

나는 아이들이 자신의 모든 감각을 이용하며 뛰어놀 수 있는 가장 좋은 환경은 자연 그 자체라고 생각한다. 자연 속에서 많은 것을 느끼고 놀면서 느끼는 즐거움과 기쁨을 알 수 있도록 우리가 도와주어야 한다. 자연보다 더 좋은 교육 환경은 없기 때문이다.

며칠 전 나는 수연이를 어린이집에서 하원시키며 아파트 내 공원을 산책했다. 산책하는 도중 개미 두 마리가 힘을 합쳐 무거운 짐을 나르는 것을 보며 아이가 물었다.

"엄마, 개미 좀 봐."

"응. 개미 두 마리가 있네."

"엄마, 개미가 뭐하고 있어?"

"수연이는 뭐하는 거라고 생각해?"

짐을 나르고 있다고 대답할 수도 있었지만 나는 아이에게 생각할 시간을 주고 싶었다.

"잘 모르겠어. 엄마."

"수연아, 다시 잘 봐. 개미 두 마리가 힘을 합쳐서 무거운 짐을 같이 나르고 있어."

"우와, 신기하다!"

나는 시간을 들여 멀리 나가는 것보다 아파트 내 공원과 동네 뒷산에서 산책을 자주 한다. 그리고 자연에 대해 아이들에게 설명해 준다. 계절이 바뀌면서 달라지는 나무들과 꽃을 보면서 아이들은 느끼는 것이 많아진다. 자연에 관심을 갖고 작은 개미를 친구라고 생각하기도 하고, 개미를 관찰하다가 개미를 따라가 보며, 개미집에도 관심을 가진다. 작은 벌레를 보고 신기해하기도 한다.

노란 민들레꽃이 피었다 지면서 하얀 민들레 씨가 생기고, 집에서 매실차로 즐겨먹는 매실이 매화꽃에서 열매로 열리는 것을 보며 아이는 즐거워한다. 또 아이들은 산책하다가 솔방울이 떨어져 있으면 어김없이 주워 와 장난감으로 활용한다. 나는 아이들이 산책하면서 행복하게 뛰어노는 것을 보면 흐뭇해진다.

아이들은 자연 속에서 다른 사람들과 함께 활기차게 뛰어놀며 자라야 한다. 아이에게 놀이는 매일 먹는 밥만큼이나 중요하다. 놀면서 소통하는 방법을 배우고, 세상을 살아가는 방법을 배워 나가는 것이다.

MBC 예능 프로그램인 〈무한도전〉에서 정형돈과 하하가 숲 속 어린이집 일일 선생님으로 출연한 것을 본 적이 있다. 이 프로그램에서 나온 숲 속 어린이집의 아이들은 세상에서 가장 행복해 보였다. 숲 속에서 신나게 뛰어놀고 언덕에서 미끄럼틀도 타며 나무에 줄을 매달아 만든 그네도 탔다. 어린이집에서의 생활 자체가 오감을 체험하는 활동이었다. 아이들 스스로 나무를 이용하여 베이스캠프를 만들어 노는 모습도 나왔다. 자연의 소리를 듣고 만지고 맛보며 보내는 어린이집에서의 생활은 아이들에게 살아 있다는 행복감을 느끼게 해 주는 것 같았다.

곤충과 식물을 집중해서 관찰하고, 자연의 신비에 놀라워하며 호기심과 궁금증을 가진 아이들은 질문을 쏟아내서 상상력을 키워갈 수 있다. 이렇게 온종일 신나게 자연 속에서 놀다 보면 아이들은 잘 먹고, 잘 자고, 몸도 마음도 쑥쑥 자라날 수밖에 없다. 숲 속 어린이집에 다니는 아이들이 일반 어린이집에 다닌 아이들보다 신체 발달, 사회성, 창의성 점수가 모두 높았고 지적, 정서적으로도 매우 발달한 것으로 나타났다.

소윤이가 유치원에 입학할 나이가 됐을 때 나는 유치원의 주변 자연환경을 먼저 고려했다. 유치원 두 군데에 원서를 냈지만 두 군데 다 추첨이 되지 않아서 대기자로 등록을 해 놓아야만 했다. 며칠 후 두 유치원에서 입학이 가능하다는 연락이 왔다. 나는 두 군데 중 산과 가까운 유치원에 입학시켰다.

소윤이가 다니는 유치원은 건물 앞으로 산이 바로 있어서 자연경관도 좋았고 아이들이 산에 오르기도 무척 좋았다. 매주 한 번씩은 숲 체험 활동을 하고 있는데 소윤이도 아주 좋아하는 수업이라고 한다. 매주 숲 체험 활동 시간이 기다려진다고 할 정도다. 또 텃밭에 매년 감자 심기 체험을 한다. 소윤이는 감자를 심고 캐는 활동을 해 보면서 평소에는 먹기 싫어하는 음식이지만 유치원에서 소윤이가 키운 감자라고 하면 잘 먹는다.

루소는 교육소설 《에밀》에서 이렇게 말한다.

"도시는 인류의 무덤이다. 이것을 되살리는 역할은 언제나 시골이 한다. 여러분이 아이들을 시골로 보내어 되살아나게 하라. 그래서 사람들이 밀집해 살고 있는 도시의 해로운 공기 속에서 잃은 생기를 들 한복판에서 되찾도록 해 주어라."

이제 우리는 아이들이 자연을 친숙한 존재로 받아들이고 자연과 함께 놀 수 있도록 해 주어야 한다. 아이들이 흙을 만지고, 바람을 느끼며, 생각하는 시간들로 정서적으로 안정감을 갖고 성장하도록 도와주어야 한다. 그렇게 할 때 우리 아이들의 자존감도 높아진다.

어린 시절 자연에서 뛰어놀고 자란 아이들은 몸과 마음이 건강하게 발달한다. 무엇보다도 정서 함양과 면역력 향상에 좋다. 결국 아이는 감성적이면서 창의력이 풍부한 어른으로 성장하게 된다.

자연을 배우고 느끼는 시간을 많이 가질수록 아이의 잠재력이 커진다. 꼭 멀리 차를 타고 생태공원을 찾을 필요가 있을까? 그렇게까지 하지 않아도 된다. 아파트 단지 내에 있는 공원, 동네에 있는 뒷산, 그도 여의치 않다면 아이의 손을 잡고 놀이터로 나가 보는 것은 어떨까? 우리 아이들에게 필요한 것은 학습지나 학원이 아니라 자연 속에서 두 발로 뛰어놀며 온 몸으로 느끼는 것임을 잊지 말아야 한다.

아이와 최대한
많은 시간을 보내자

사람은 함께 웃을 때 서로 가까워지며 행복을 느낀다.
– 버스카글리아 –

현대인들은 바쁜 일상 속에서 아이와 많은 시간을 보내지 못하면서 살아가고 있다. 핵가족이 보편화되고, 경제적인 문제 때문에 맞벌이 부부가 많다 보니 아이와 보내는 시간이 턱없이 부족한 것이 현실이다.

아이들은 낮 동안에는 어린이집, 유치원 등에서 시간을 보내고 집에 돌아와도 부모의 돌봄을 받지 못하는 경우가 많다. 같은 공간에서 같이 시간을 보낼 뿐이다. 엄마는 밀린 집안일을 처리하느라 아이를 돌볼 여유가 없다. 결국 아이는 혼자 놀거나 TV를 보며 지내는 시간이 많다. 실제로 우리나라 부모가 아이와 보내는 시간은 하루 48분으로 OECD회원국 중 제일 적은 것으로 나타났다. 특히 아빠가 놀아 주는 시간은 겨우 6분이라고 한다.

지인 A는 공무원으로 워킹맘이다. 두 딸을 가진 A는 시부모님이 아이들을 돌봐 주신다. 시부모님과는 같은 아파트 같은 동에 살면서 아이를 맡기고 직장에 출근한다. 그런데 나중에 알고 보니 시댁에서 거의 아이를 데려오지 않는다고 했다. 거기서 밥을 먹이는 것은 물론 잠까지 재우고 있었던 것이다. 빨리 집에 데리고 와서 잠은 엄마와 같이 자야 한다고 애착의 중요성을 설명했지만, A는 실행에 옮기지 않고 있다.

아이가 어릴 때 부모와 형성된 애착관계는 평생을 두고 좋은 관계로 이어갈 수 있는 끈이 된다. 아이와 생활하면서 이런저런 모습도 보이고 거리감을 좁혀가면서 유대감을 형성해야 한다. 자주 접촉하고 함께 뒹굴어야 아이와의 어색함이 없어진다. 유아기에 형성된 애착관계로 평생을 살아갈 수 있는 힘이 되는데 A는 엄마로서 자격이 없는 것 같아서 실망스러웠다. 아무리 직장생활 하느라 힘들어도 엄마라면 당연히 자녀를 돌봐야 하는 것이 기본이다. 그 의무를 다하지 못하고 있는 A가 안타깝고 불쌍하기까지 하다. 지금 잠깐 편하자고 아이를 등한시한다면 나중에 커서 아이는 부모에게 버림받았다는 느낌을 지울 수 없을 것이다. 이런 경우 사춘기가 되어서 문제행동이 심해질 때 해결하기가 무척 어려워질 것이다.

나는 퇴근하자마자 유치원에 가서 첫째 소윤이를 데려온다. 그리고 5시가 좀 넘어서 어린이집으로 수연이를 데리러 가는데 아이가 혼자 남아 있는 경우가 많다. 퇴근시간이 상당히 빠른 편인데도 그 시간에 아이를 데리러 가면 혼자 남아 있는 수연이에게 항상 미안하기만 하다.

이럴 때가 워킹맘으로서 마음이 힘들다. 아이와 많은 시간을 보내지 못한다는 죄책감 때문이다. 수연이를 빨리 데리러 가야 한다는 생각에 조금이라도 늦으면 너무 신경이 쓰이고 부담스럽다. 아이 혼자 어린이집에 남아 있으면서 얼마나 엄마를 기다릴지 상상하니 못 견디게 힘들고 아이가 불쌍하기만 하다.

그런 안타까운 마음으로 집에 돌아와서 집 안을 둘러보면 엉망이다. 그러나 하루 치우지 않는다고 무슨 일이 일어나는 것도 아니다. 또 치운다고 해도 하루를 넘기지 못하고 다시 원상복귀가 된다.

설거지나 빨래는 좀 미뤘다가 한 번에 한다. 나는 직장 일, 집안일, 아이 키우는 일까지 완벽하게 하는 사람이 아니다. 체력적으로 하고 싶어도 하지 못한다. 한 번 집안을 청소하면 며칠 동안 육체적으로 힘들다. 결국 집안일은 과감히 포기했다. 그날그날 해야 할 최소한의 일만 처리한다.

가령 아이에게 밥을 먹이거나 도시락을 씻는 것만 간신히 한다. 그러는 사이 아이는 와서 책을 읽어 달라고 계속 조른다. 나는 잠시 멈추고 아이가 원하는 것을 해 주려고 노력한다. 집안일은 해도 해도 끝이 없다. 매일 쏟아지는 일거리에 스트레스를 받는다. 그래서 나는 집안일을 포기하고 아이들과 놀아 주기도 하고 텔레비전도 같이 보면서 아이들과 같이 소통하려고 애쓴다.

일과 육아를 동시에 하는 워킹맘들은 항상 죄책감을 갖고 있다. 아이와 많이 놀아 주지 못하고 같이 보내는 시간이 전업맘보다 적기 때문이다. 시간이 없어 아이에게 잘해 주지 못한다는 생각에 아이에게 무조건 잘 해 주려고 노력한다. 아이가 원하는 것은 무엇이든지 들어주려고 한다. 그래서 아이가 사 달라고 하면 아무리 비싼 장난감이더라도 다 사 준다. 아이와 많은 시간을 보내지 못해서 생기는 죄책감을 만회해 보려고 하는 것이다. 그렇다고 돈으로 모든 것을 해결하려고 해선 안 된다. 바빠도 아이와 함께하는 시간을 의식적으로 늘리려고 노력하는 것이 중요하다.

쌓여 있는 집안일을 잠시 미뤄 두고 아이와 어떻게 하면 재미있는 시간을 보낼지 생각해 봐야 한다. 엄마가 아이와 함께 즐거운 시간을 보낼 수 있는 것은 일상생활에서도 아주 많다. 아이에게는 일상생활의 모든 것이 놀이가 될 수 있기 때문이다. 재활용 분리수거하기, 아이와 같이 빨래 널기, 아이와 마트 가기, 아이와 음식 준비하기, 아이가 좋아하는 만화영화 같이 보기, 자전거나 인라인 스케이트 타기, 숨바꼭질 놀이 등 셀 수 없이 많다.

아이와 함께 몸을 움직이면서 신체 접촉을 자주하면 아이와의 사이는 한층 더 돈독해질 것이다. 아이와 많은 시간을 보내게 되면 정서적으로 친밀감이 높아진다. 이렇게 유아기 때 형성된 정서적인 유대감이 사춘기 시기의 아이와도 잘 지낼 수 있는 힘이 된다.

유대인 부모들은 대부분 맞벌이를 한다. 유대인 가정에서는 자녀와 함께 보내는 시간을 가장 소중하게 생각한다. 그래서 부모들은 퇴근 후 아이가 잠잘 때까지 아이와 완벽하게 함께하려고 노력한다.

웃고 떠들며 이야기 하는 과정에서 가족들은 정서적인 교감을 나눈다. 또 저녁 식사를 하면서 자녀에게 밥상머리 교육을 한다. 부모는 아이들의 하루 일과에 귀 기울이며 칭찬과 격려를 보낸다. 그런 다음 아이들이 잠든 후에 집안일을 하는 것이다. 아무리 바빠도 아이 키우는 것보다 더 중요한 일은 없다는 양육원칙이 있기 때문일 것이다.

우리가 이름만 들으면 알 수 있는 유명한 사람들은 대부분 유대인이다. 역사적으로 많은 유대인들이 세계를 지배하고 인류사에 큰 발자취를 남겼다. 현재에도 문화와 예술, 정치와 경제 등 각 분야에서 놀라운 공헌을 하고 있다.

스타벅스의 창업자 하워드 슐츠, 던킨 도넛의 윌리엄 로젠버그, 베스킨 라빈스의 어바인 라빈스 등 우리 생활 가까이에 있는 브랜드의 창업자들 역시 유대인이다. 그들의 놀라운 성과를 보면서 나는 아이와 함께 저녁 시간을 온전히 보내는 유대인들의 생활습관이 큰 영향을 주었을 것이라고 생각한다.

부모가 퇴근 후 아이와 함께할 수 있는 시간은 아이들이 잠들기 전인 10시 정도까지다. 아이가 원하는 책을 읽어 주고, 함께 요리도 하고, 숨바꼭질도 하면서 아이들과 더 많은 시간을 보내도록 노력하자. 정서적인 유대감이 중요한 역할을 하는 유아기에 부모와의 소통은 아이의 인성에 긍정적인 영향을 주기 때문이다.

아이와 함께할 수 있는 것을 감사하며 소중한 시간을 잘 활용해야 한다. 먼 훗날 아이와 함께 한 시간이 가장 소중한 기억으로 남아 있을 수 있도록 지금 이 순간에 최선을 다하자.

공부 근육보다는
마음의 근육을 키워 주자

안락한 가정은 행복의 근원이다. 그것은 바로 건강과 착한 양심 다음의 자리를 차지한다.
- S. 스미스 -

현대 사회의 핵가족화로 인해 자녀의 수는 과거의 어느 때보다 적다. 자녀를 적게 낳다 보니 부모는 아이에게 아낌없는 사랑을 주고 있다. 그렇게 아이들은 물질적으로도 풍요로운 시대에 살고 있는데도 행복하게 보이지 않는다. 삶의 우선순위가 성적인 것처럼 아이들은 공부 근육을 키우기 바쁘다. 이렇게 공부해서 좋은 대학, 좋은 직장에 취직한다고 해도 행복한 미래는 장담할 수 없다. 아무리 성적이 좋아도 살다 보면 시련과 역경을 겪게 되기 때문이다.

며칠 전 동네 할머니를 만났는데 답답한 일이 있다면서 나에게 하소연을 했다.

"우리 애 때문에 힘들어 죽겠어요."

"무슨 일 있으세요?"

"나이가 마흔이 넘었는데 취직할 생각은 안 하고 집에 틀어박혀서 꼼짝도 안 하네요. 음식 배달해서 먹으면서 돈은 나더러 내라고 하고 먹어 보라는 말 한마디가 없어요."

"그럼 당장 독립시키세요. 지금 너무 편하고 부족한 것이 없으니까 취직할 생각이 없는 것 같아요."

요즘에는 나이를 먹어서도 자식 뒷바라지에 노년을 편하게 보내지 못하는 부모들이 많다. 대학을 졸업하고서도 취직을 하지 못한 미혼 자녀뿐만 아니라 결혼하여 일가를 이룬 뒤에도 부모와 함께 살거나 부모에게 각종 물적·인적 자원을 받는 자녀(캥거루족)들이 늘고 있기 때문이다. 결혼할 때 집을 사 주고, 생활비를 대 주고, 카드값까지 내 주는 부모도 적지 않다. 자녀가 부모를 봉양하기는 커녕 부모가 자녀의 인생을 평생 책임져야 하는 상황이 된 것이다.

나이 든 자녀들을 뒷바라지하는 부모를 보면서 정말 안타깝다는 생각이 들었다. 아이를 키울 때 너무 귀하게 키운 것이 아닐까 생각했다. 어렸을 때부터 부모가 모든 것을 대신해 주게 되면 아이는 부족함과 어려움 없이 편하게 살려고만 한다. 이렇게 자란 아이들은 작은 시련에도 쉽게 좌절하고 포기해 버린다.

아이의 요구사항을 무조건 다 들어주는 부모는 존경받지 못한다. 오히려 부모를 함부로 대하는 경우가 더 많다. 정말 귀한 자식이라 하더라도 무조건 아이의 요구를 들어주는 방식은 버려야 한다. 아이가 마음 근육을 키울 수 있도록, 사회에 적응하여 자립할 수 있도록 도와줘야 한다.

2015년 1월 포털 사이트에서 명문대를 졸업하고 강남에서도 좋은 아파트에 사는 40대 가장이 일가족을 살해한 뉴스를 본 적이 있다. 외국계 회사를 다니다 퇴직한 가장은 통장에 잔고가 3억 원이 넘게 있었는데도, 가족들이 힘들게 살게 할 수 없다는 이유로 가족을 먼저 살해하고 자신도 따라 죽으려 했다.

나는 이 뉴스를 보고 가장이 역경을 이겨 내는 마음의 근육인 회복탄력성이 작아서 그런 것은 아닐까 하는 생각이 들었다.

다른 사람에게는 별일 아닌 것이 마음의 근육(회복탄력성)이 작은 사람에게는 이겨 낼 수 없는 큰 역경으로 다가오게 된다. 아이가 어렸을 때 칭찬만 듣고, 원하는 것을 부모가 다 해 줘서 좌절을 경험할 기회가 없이 자란 경우, 아주 작은 시련에도 하늘이 무너지는 듯이 크게 느껴지는 것이다. 눈앞에 닥친 역경을 이겨 낼 생각은 하지 못하고 회피하고자 죽음을 선택하는 어리석은 사람이 되는 것이다. 회복탄력성이 좋은 아이로 키우기 위해서는 때로는 좌절도 겪고 안 되는 것도 있다는 것을 알고 기다릴 줄도 아는 방법을 알려 주어야 한다.

영국에서 전문직에 종사하던 패트리샤 휘웨이는 마흔이 되던 해에 아픈 아들 때문에 회사를 그만두었다. 그녀의 아들 조지는 간질과 학습장애, 식이장애까지 있었다. 조지는 먹는 음식마다 몸에 맞지 않아 토하고, 설사하고 알레르기 반응을 보였다. 게다가 간질 발작까지 일으켜서 희망이 보이지 않았다. 휘웨이는 글루텐과 식품 첨가물이 들어 있는 음식이 아이의 몸에 좋지 않다는 것을 알게 되었다. 글루텐과 식품 첨가물이 설사와 자폐증을 유발할 수 있기 때문이다.

그러나 문제는 글루텐과 식품 첨가물이 없는 식품을 구하기가 어려웠다. 결국 휘웨이는 아이를 위해 모든 음식을 직접 만들었다. 글루텐이 없는 빵을 구우면서 영국 음식 산업을 변화시켜야겠다고 생각하게 되었다. 그래서 영국 최대 유통회사인 테스코의 경영진에게 알레르기 환자용 식품 개발 계획을 제안했다. 그녀는 테스코의 식품 개발에 참여하게 되었고, 알레르기 환자용 식품인 '프롬 프리' 시리즈를 개발했다.

2006년 패트리샤 휘웨이는 테스코의 브랜드 메니저가 되었고 첨가물이 없는 식품들도 개발하였다. 이제 그녀는 영국 식품 산업에서 없어서는 안 될 중요한 인물이 되었다.

패트리샤 휘웨이는 아픈 아이 때문에 회사를 그만두고 전업주부로 살아가면서도 좌절하지 않고 역경을 이겨 내었다. 그 결과 더 화려한 경력을 쌓을 수 있었던 것이다.

만약 그녀가 마음의 근육이 작았다면 자신에게 닥친 역경을 비관하면서 절망적인 삶을 살았을 것이다.

우리 아이들에게도 역경을 이겨 낼 수 있는 마음의 근육이 필요하다. 아무리 어려운 일이 생겨도 마음의 근육이 단단하다면 어떤 역경이 닥쳐도 헤쳐 나갈 수 있게 된다.

회복탄력성이란 심리학 용어로 시련이나 고난을 이겨 내는 긍정적인 힘을 의미하는 말로 쓰인다. 회복탄력성이 높은 사람들은 자신의 실수나 시련에 대해 긍정적인 태도를 가진다. 역경을 통해 성장하는 계기로 만든다.

가끔 식당이나 커피숍에 가면 아이들이 시끄럽게 떠들면서 뛰어 다니는데도 부모는 전혀 신경 쓰지 않는다. 참다못한 주위 사람들이 뭐라도 한마디 하면 "그냥 두세요. 아이가 워낙 활동적이라 서요."라고 말하면서 오히려 자랑스러워 한다.

아이를 혼내면 기가 죽는다고 생각해서 제멋대로 행동해도 제지하지 않는 부모들이 많다. 이런 부모들은 "안 돼!"라고 말하면 아이가 상처를 받을 것이라고 생각한다. 마음대로 놀게 두는 것이 자유와 행복을 주는 것이라고 생각하는 것이다. 그러나 이렇게 자란 아이들은 마음의 근육이 낮아 조금만 어려운 일이 생겨도 쉽게 좌절하고 만다.

마음의 근육이 큰 아이로 키우기 위해서는 부모가 적절히 엄하게 키워야 한다. 다른 사람에게 피해를 주는 행동은 단호하게 안 된다고 꾸짖고, 규칙에 맞지 않게 행동하면 과감히 제재를 가해서 올바른 행동으로 유도해야 한다.

아이는 자라면서 매 순간 새로운 것을 선택해야 한다. 걸음마부터 시작해 조금 더 자라면 한글을 배우고 또래 집단의 친구들과 잘 지내는 방법도 익혀야 한다. 이 과정에서 아이는 수많은 어려움을 겪게 된다. 아이에게 문제가 발생할 때마다 부모가 해결해 줄 수는 없다. 아이 스스로 문제를 해결하는 방법을 터득해야 한다.

우리 아이들이 살아가는 21세기 현대사회는 끊임없이 변화한다. 불안정한 환경 속에서 아이는 시련과 변화를 극복해내야 하는데, 이때 아이에게 필요한 것이 마음의 근육이다. 마음의 근육이 클수록 적극적인 아이로 자라나게 된다. 아이의 공부 근육을 키우기 전에 운동으로 근육을 키우듯이 마음의 근육을 먼저 키워 주자.

잘 노는 것이
최고의 자녀교육이다

많은 엄마들이 아이가 놀고 있으면 불안해한다. 옆집 아이는 지금 이 시간에도 공부하고 있을 거라는 상상을 하면서 내 아이만 뒤처지면 어쩌나 하고 걱정한다. 그러나 무조건 공부만 열심히 한다고 해서 성공하는 것은 아니다. 남들이 생각하지 못하는 생각을 해야 성공하는 시대이기 때문이다.

《개미와 베짱이》라는 이솝우화가 있다. 원작의 내용에서는 열심히 일하는 개미를 칭찬해 준다. 열심히 사는 개미를 롤모델로 생각하고 열심히 노력하면 결국에는 성공한다는 교훈을 담고 있다. 반면 여름 내내 노래만 부른 베짱이는 놀기만 하고 일하지 않는 게으름뱅이로 보여 준다.

그러나 다른 관점에서 보면 무조건 열심히 일만 하는 개미는 성공하지 못한다. 그저 살기 위해서 뜨거운 여름날 허리가 휘어지도록 먹을 것을 모으는 그런 삶을 산 것이다. 반면에 베짱이는 인기스타가 되어 성공적인 삶을 살게 되었다. 놀기만 한 베짱이의 성공이 놀랍지 않은가? 자기가 좋아하고 잘하는 노래를 열심히 연습하여 베짱이는 가수의 꿈을 이루었던 것이다. 확고한 목표를 정하고 꿈을 위해 노래를 꾸준히 연습한 결과다. 베짱이의 꿈을 향한 열정이 아름다운 이유다. 김태광의 어른을 위한 성공학 동화 《인기 스타가 된 베짱이 이야기》에 나오는 이야기다.

열심히 놀기만 한 베짱이가 인기스타가 될 수 있었던 것은 자신이 좋아하는 것을 놀이로 생각하고 열심히 연습한 데 있다. 좋아하는 일을 즐겁고 재미있게 하다 보니 자연스럽게 성공이 따라오게 된 것이다. 베짱이는 언제나 긍정적이고 꿈을 포기하지 않았다. 베짱이처럼 꿈을 포기하지 않는다면 결국에는 꿈을 이룰 수 있을 것이다.

이제는 놀기만 하면 큰일 나는 것이 아니라 놀 줄 모르면 큰일 나는 세상이다. 간혹 어떤 엄마들은 자녀들에게 무조건 열심히 공부하라고 한다. "노는 것은 성공한 후에 해도 늦지 않아!"라고 말한다. 어릴 때 즐겁게 놀아 보지 못한 아이들은 어른이 되어서 재미있게 노는 방법을 몰라 놀지 못한다. 시간적 여유가 생겨도 휴대폰을 만지작거리고 TV나 켜게 되는 것이다.

"〈강남스타일〉은 세계적인 히트송을 만들어야겠다는 다짐이 아니라, 그냥 내가 즐겁고 웃긴 것을 하다 보니 이렇게 됐다."

가수 싸이가 한 말이다. 전 세계적으로 인기를 누리는 싸이는 소위 잘 노는 사람이다. 싸이는 하고 싶은 일을 즐겁고 재미있게 하다 보니 〈강남스타일〉이라는 노래로 세계적인 인기 스타가 되었다. 싸이는 열심히 공부해야 성공한다는 기존의 틀을 깨고 자신이 하고 싶은 일을 놀이처럼 즐겼다. 이렇게 즐겁게 좋아하는 일을 하다 보면 성공은 자연스럽게 따라온다.

아이는 놀이로 무언가 결과를 얻기보다는 놀이 과정을 통해 성장하게 된다. 잘 노는 것이 중요한 이유는 아이가 놀면서 행복해지기 때문이다. 또 놀이를 통해서 자신을 발견하고 창의적인 사람으로 커 갈 수 있다.

창의성이란 새로운 것을 생각해 내는 특성이다. 전 세계적으로 창의적인 민족은 유대인이다. 유대인들은 열심히 일하는 것보다 잘 쉬는 것을 삶의 원칙으로 여긴다. 일주일 중 6일을 열심히 일한 다음 안식일을 철저히 지키는 것은 유대인들의 중요한 원칙이다. 6년을 일하고 1년을 쉬는 안식년, 7년씩 7번을 일한 후 50년째는 법과 제도, 자연까지 쉬어야 한다는 철저한 원칙을 지키고 있다. 이렇게 열심히 일한 후 철저히 쉬는 기간이 있었기에 유대인은 창의적인 민족이 될 수 있었던 것이다.

아이들은 어릴수록 열심히 놀아야 한다. 어릴 때부터 열심히 논 아이들은 창의적일 수밖에 없다. 놀이는 아이들에게 창의성의 원천이 된다. 아이들이 가끔 어른도 생각하지 못할 정도의 기발한 상상력을 보이는 이유가 놀이에 있는 것이다.

소윤이와 수연이가 동화《늑대와 7마리 아기 양》이야기를 바탕으로 역할 놀이를 하고 있다.
수연: "엄마 시장 갔다 올 때까지 문 잘 잠그고 있어."
소윤: "네. 엄마."
(엄마가 시장에 가자 늑대가 와서 초인종을 누른다.)
소윤: "누구세요?"
늑대: "엄마야."
소윤: "그럼 발 좀 보여 주세요."(늑대가 검은 발을 보여 주자)
　　"우리 엄마는 발이 하얀데요."
소윤이가 아기 양 역할을 하고 수연이는 엄마 양 역할을 한다. 수연이는 평소 이 이야기를 좋아했는데 어느 날부터 역할에 감정 이입을 하며 놀고 있었다. 아이들은 풍부한 상상력으로 역할 놀이(=상상놀이)를 하면서 행복해진다.

역할 놀이는 아이들의 생각과 느낌을 잘 표현할 수 있도록 도와준다. 역할에 따라 상대방의 입장에서 생각하는 방법을 배우기 때문에 역할 놀이는 단순한 놀이가 아니다. 유아기 때의 역할 놀이는 자신을 조절하는 능력을 키울 수 있는 좋은 기회다.

아이들끼리 놀면서 자연스럽게 자신의 감정을 조절하고 친구를 배려하는 법을 배운다. 사회성과 협동심을 키우게 되기도 한다. 또한 놀이를 통해 나도 할 수 있다는 자신감을 키울 수도 있다.

아이가 잘 노는 게 중요한 이유는 다음과 같다.

첫째, 창의적인 아이가 된다. 둘째, 잘 노는 아이는 행복하게 잘 살아갈 수 있다. 셋째, 놀이를 통해서 사회성이 저절로 자라나게 된다. 넷째, 자신감 있는 아이로 자란다. 다섯째, 문제해결 능력이 생긴다. 이렇게 놀이는 아이가 성장하는 과정의 필수적인 요소다.

최고의 교육은 아이들을 놀게 하는 것이다. 잘 논다는 것은 아이가 창의성 높은 아이로 자라는 것을 의미한다. 잘 노는 사람이 창의적이고 21세기에는 창의적인 사람이 성공한다. 열심히 놀면서 친구를 배려하고 양보하는 과정에서 아이는 올바른 인성을 형성시킬 수 있다. 친구들과 놀면서 아이는 자기 자신을 파악할 수 있게 된다. 결국 잘 노는 사람이 행복한 삶을 살게 된다. 아이의 성공과 행복은 잘 노는 것에 달려 있다.

잘 놀아야 몸과 마음이 고루 성장한다

인간은 놀이를 즐기고 있을 때만이 완전한 인간이다.
– 프리드리히 실러 –

"우리 아이가 비만이래요."

"네? 몸무게가 별로 안 나가 보이는데요."

"몸무게가 1kg이 더 나가서 비만 판정이 나왔어요."

머칠 전 출근하려고 엘리베이터를 탔는데 옆에서 이야기를 하는 것을 들었다. 초등학교에서 1학년, 4학년은 학생 건강검진을 실시하는데 비만 검사도 포함되어 있다. 요즘 아이들은 앉아서 생활하는 경우가 많다. 그래서 신체 활동량이 적어 비만검사에서 소아비만 판정을 받는 경우가 많이 발생한다.

소아비만은 지방세포의 개수가 늘어난 것이기 때문에 아이들이 어른이 되어 지방세포의 크기마저 커지게 되면 상당히 위험할 수 있다. 소아비만은 사회적, 심리적, 신체적 문제를 발생시키고,

친구 관계에서 위축되는 경우가 많아지며, 스스로에 대한 자신감도 떨어지게 된다.

요즘은 사춘기도 빨리 와서 아이들은 외모에 민감하게 반응한다. 뚱뚱한 아이는 자신의 외모에 자신감이 없어서 자꾸 움츠러든다. 항상 마음속으로 '나는 정말 뚱뚱해'라든지 '나는 내가 아는 사람 중에서 제일 뚱뚱해'라고 생각하면서 자존감이 낮아진다. 매사에 자신이 없고 남들 앞에서 당당하지 못하며, 친구들과 잘 놀지도 되고 혼자 있는 시간이 많아지게 된다.

혼자 있는 시간이 많고 자신감도 없는 아이는 소아청소년 우울증에 빠지기 쉽다. 그런 아이들을 보면서 부모들은 '사춘기니까' 그런 것이라고 생각하기 쉽다. 사춘기인지 마음의 병인지 잘 살펴봐야 한다.

스마트한 시대에 살고 있는 요즘 아이들은 스마트폰이나 컴퓨터, TV와 많은 시간을 보내면서 바깥 활동은 거의 하지 않는다. 반면 음식은 다양해지고 풍족해져서 과도한 영양 섭취로 소아비만의 위험에 노출되어 있다. 게다가 움직임이 거의 없어 허리가 옆으로 휘어지는 척추측만증이나 목 디스크와 같은 질환에 걸리기 쉽다. 또한 인내심과 지구력이 부족해 작은 고통도 이겨 내지 못하는 아이로 자라고 있다.

과거에 비해 아이들이 키도 크고 덩치가 커서 어른인지 학생

인지 외모만 보고 판단하기가 어렵다. 겉은 그럴듯하게 번지르르하지만 속은 약한 아이로 커 가고 있는 것이다. 뭐든지 빨리 빨리하는 우리 사회에서 아이들은 기다림에도 익숙하지 않다. 그래서 원하는 것을 바로 해 주지 않으면 감정을 조절하지 못해 폭발하고, 자기밖에 모르는 괴물 같은 아이로 자라난다.

내가 초등학교에 다닐 때는 학교가 끝나면 집 근처에서 동네 친구들과 놀면서 보냈다. 방과 후 시간의 대부분을 친구들과 자유롭게 노는 것이 나의 일상이었다. 친구들과 하루 종일 뒷산, 논두렁을 가리지 않고 시간이 가는 줄 모르고 놀았다. 그러다가 해가 지면 집에 들어가서 저녁밥을 먹고 씻지도 못하고 잠이 드는 날이 대부분이었다. 그 시절의 나는 시골에서 농사짓는 부모님 밑에서 자라서 경제적으로는 매우 어려운 형편이었다. 형제자매도 많았기 때문에 항상 풍족하게 먹지 못했다. 그러나 낮 동안 충분히 몸을 움직이며 놀았기 때문에 그때가 몸과 마음이 가장 건강했던 시절이었던 것 같다. 지금 생각해 보면 하루 종일 뛰어다니면서 놀았던 그 시절이 그립다.

《논다는 것》의 저자 이명석은 놀이에 대해서 다음과 같이 말한다.

"'놀이'는 전인적이에요. 혼자만 잘하고 재미있는 놀이는 절대 즐겁지 않거든요. 저절로 사회생활을 배우는 것이죠. 또 적성이나 재능을 찾는 방법이 놀이가 될 수도 있어요. 공부나 배움을 통해서 얻을 수도 있지만, 놀이를 하다 보면 아이가 가장 재미있어 하는 것, 잘하는 것, 또는 부족한 점을 쉽게 파악할 수 있거든요. 순발력도 필요하고 좀 더 열린 상황에서 다양한 기질을 계발할 수도 있어요. 아이들은 지금 당장 눈앞의 교과서와 씨름하고 있지만, 아이들이 살아갈 10년, 20년 뒤 미래사회에서 지금 교과서의 지식이 얼마나 유효할까 싶은 생각도 들어요. 유연하게 대처할 수 있는 능력을 키우는 데 놀이만 한 방법이 없죠."

아이들이 잘 놀면서 신체를 많이 움직이면 뇌의 발달이 향상된다. 한 공간에 계속 있거나, 책상에 앉아 있는 시간이 많을수록 신체가 발달하지 못한다. 몸을 많이 움직여 노는 아이일수록 행복지수가 높아진다. 우리나라 청소년은 현재 심각한 상황이다. 오로지 공부하는 것에 치중하여 무기력하고 의욕은 상실되었다.

학업 스트레스가 최고라는 한국 아이들의 탈출구는 무엇일까? 바로 놀이에 있다. 놀이(운동)는 스트레스가 심한 아이의 뇌를 다시 활기차게 해 준다. 규칙적으로 운동을 한 아이는 정서적으로 안정되며 자신감과 사회성이 높아진다고 한다. 적절한 신체활동을 통해 자존감이 높아지고 학업에 대한 스트레스나 불안감이 줄어들면 자살의 위험도 줄어들 것이다. 운동을 통해서 좋은 기분 상태를 경험할 수 있기 때문이다.

지난 며칠 동안 유행성 독감으로 주말에도 나가지 못했다. 이틀 동안 집안에 틀어박혀 있었더니 아이들이 너무 힘들어했다.

"엄마, 심심해 죽겠어."

"밖에 나가서 놀고 싶어."

날씨가 추워서 놀이터에 갈 수도 없었다. 더구나 독감 때문에 사람들이 많은 곳에는 더욱더 갈 수 없는 상황이었다. 평소에는 날씨가 아주 춥지 않은 날이면 저녁 늦게라도 아이들을 데리고 놀이터에 나갔다. 아이들은 날마다 그네를 타고 킥보드를 타야 아쉬움 없이 하루를 보냈다. 이렇게 평소에 놀던 아이들이 유행성 독감으로 움직이지 못하니 좀이 쑤시는 것은 당연한 일이었다.

아이들은 놀면서 몸을 움직인 날은 기분도 더 좋아지는지 하는 일마다 긍정적으로 반응한다. 그러나 그렇지 못한 날은 매사에 징징거리면서 짜증을 많이 내기에 더 힘들어지는 경우가 많았다.

몸을 움직여서 노는 것은 육체적인 피로를 감소시켜 줄 뿐만 아니라, 정서적 문제에 당면했을 때 회복탄력성을 발휘해서 문제를 잘 해결할 수 있게 된다고 한다. '호모 루덴스(놀이하는 인간)'라는 말이 있을 정도로 아이들은 놀면서 몸과 마음을 성장시킨다. 잘 노는 사람은 타인의 마음과 말을 잘 알아차려서 소통에도 어려움이 없으며 상상력이 풍부해 가상의 상황에도 익숙해진다. 그렇기 때문에 아이들에게 잘 노는 방법을 알려 줘야 한다. 잘 노는 사람은 일상생활의 사소한 일에도 행복을 잘 느끼므로 결국엔 성공한 인생으로 이어갈 수 있기 때문이다.

아이들이 자연을 친숙한 존재로 받아들이고 자연과 함께 놀이를 할 수 있도록 해 주자. 흙을 만지고, 바람을 느끼며, 생각하는 경험들로 아이들은 정서적으로 안정감을 갖게 되고 자존감을 기를 수 있게 된다. 어렸을 때 잘 놀아야 몸과 마음이 고루 성장한다. 앞으로 수많은 날들을 경쟁과 성과의 세상에서 살게 될 아이들에게 초등학교에 들어가기 전까지라도 마음껏 놀게 해 주자.

잘 노는 아이가 공부도 잘한다

"공부만 시키고 놀지 않으면 잭은 멍청이가 된다.(All work and no play makes Jack a dull boy.)"

영국 속담 중 하나다. 우리나라 부모들은 아이가 놀면 불안해한다. 우리 아이가 놀고 있는 시간에도 다른 아이는 수학문제를 풀고, 영어 단어를 외우고 있다는 생각에 다른 집 아이보다 한참 뒤떨어지는 게 아닌가 걱정하고 안절부절못한다.

물론 공부도 중요하다. 우선 공부를 잘하려면 아이가 신체적으로 건강해야 한다. 움직이지 않고 책상에 계속 앉아서 공부만 하고 있다면 반드시 몸을 움직이는 활동을 해야 건강을 유지할 수 있다. 공부는 잠깐하고 말 것이 아니라 장기적으로 꾸준히 해야 하는 마라톤과 같다. 그러므로 무엇보다도 아이의 건강이 우선시

되어야 한다.

아이들이 공부에 집중하려면 신체 활동은 선택이 아니라 필수다. 신체 활동과 뇌의 활동은 생물학적, 정신적으로 서로 보완작용을 하는 관계다. 아이들이 놀면서 몸을 많이 사용하게 되면, 자연스럽게 학습능력이 좋아지고 결국에는 뇌 기능을 향상시키는 것이다.

세계적인 뇌 발달 전문가 존 레이티 하버드 의대 교수는《운동화를 신은 뇌》에서 '운동이 뇌의 기능을 최적의 상태로 만들어주는 가장 좋은 방법'이라고 했다. 또 뇌 과학자들은 "잘 노는 아이가 공부도 잘 한다."라고 말한다.

초등학교 입학 전인 일곱 살까지는 우뇌의 발달이 이뤄지고 이후에 좌뇌가 발달한다. 사람의 우뇌는 감성적인 기능인 직관력과 창의력을 담당하고, 좌뇌는 이성적인 기능인 분석력과 언어 능력을 담당한다고 한다. 우뇌가 집중적으로 발달하는 시기인 초등학교에 들어가기 전까지는 아이들이 마음껏 뛰어놀 수 있도록 해주어야 한다. 아이들은 뛰어놀면서 창의력과 직관력이 생기기 때문이다.

미국의 버락 오바마 전 대통령이 부러워할 정도로 우리나라의 교육열은 세계적으로 유명하다. 다른 나라의 학생들에 비해 우리나라의 아이들은 많은 시간을 공부하면서 보낸다. 어렸을 때부터 조기교육을 받느라 많이 놀지도 못하고 어린 시절을 보내는 것이 우리의 현실이다. 사교육비로 지출되는 금액도 세계 최고 수준이다. 요즘은 양육비의 부담이 커서 아이를 낳지 않는 젊은 사람들도 많아지는 추세다.

한국청소년정책연구원이 발표한 '아동·청소년의 생활패턴에 관한 국제비교연구'에 따르면 우리나라 청소년들이 경제협력개발기구(OECD) 회원국보다 주당 평균 20시간이나 더 많이 공부한다고 한다. 하지만 학습시간에 대비해 성취도 순위는 OECD 국가 중 한국이 최하위권이라는 결과가 나왔다. 반면 핀란드 학생들은 평일 학습 시간이 4시간으로 우리나라 학생들의 8시간 55분의 절반 정도다. 그러나 국제 학업성취도 평가(PISA)에서 핀란드는 항상 1위를 차지한다. 우리나라 학생들이 주당 평균 20시간이나 더 공부하는데 이런 결과가 나오는 이유는 무엇일까?

영국 국립과학학습센터(NSLC)의 미란다 스티븐슨 박사는 '놀이의 중요성'을 강조한다.

"아이들은 놀지 않으면 기계가 됩니다. 노는 동안 상상력이 크는 거니까요."

그는 한국 교육의 문제점으로 흥미와 놀이 위주가 아닌 답 찾기에만 매달린다는 것과 '놀이시간의 절대적인 부족'을 지적했다. 창의력은 암기력에서 나오지 않기 때문이다.

우리나라 아이들은 조기교육을 받느라 초등학교도 들어가기 전부터 공부에 질리게 된다. 공부에 대한 거부감이 생겨서 정작 공부해야 할 시기에는 아침부터 교실에서 엎드려 있는 경우가 많다. 참 안타까운 현실이다. 아이들은 어릴 때부터 여러 학원을 전전하느라 놀고 싶은 욕구를 참으면서 보냈다. 그렇게 어린 시절을 보내다 보니 욕구불만이 쌓였고, 제대로 놀아 보지 못하고 공부에 질리게 된 것이다. 요즘은 공부에 대한 스트레스로 정신과 상담을 받는 아이들이 늘어나고 있다고 한다.

반면에 핀란드에서는 학교에 입학하기 전에 아이에게 글자를 가르치지 않는다. 핀란드의 유치원 교육은 아이들이 잘 노는 것을 최고로 여긴다. 공부할 시기가 따로 있다고 생각하기 때문이다. 핀란드 부모들도 아이에게 공부를 강요하지 않는다. 아이와 함께 야외로 산책을 자주 나가 자연을 느끼고 배우도록 해 준다.

그들은 아이가 공부를 잘하는 것보다 육체적인 건강이 더 중요하다고 생각한다. 아이들이 자연 속에서 놀면서 느끼는 즐거움을 알도록 일깨워 준다. 심지어 영하 15도 이하로 내려가기 이전에는 하루에 몇 시간씩 바깥 놀이를 하도록 하고 있다. 그렇게 어린 시절을 보낸 아이들은 학교에 입학해서 글자를 배우기 시작하는데 공부는 스스로 하는 것을 원칙으로 한다.

아무리 어려도 스스로 사소한 문제에서부터 중요한 문제까지 다양한 문제를 해결하는 습관을 만들어 주는 것이다. 무슨 일이든 아이가 혼자 결정할 수 있게 둔다. 그래서 핀란드 아이들은 꿈이 있고 목표가 명확하다. 스스로 세운 목표를 갖고 공부에 몰입하기 때문에 적은 공부 시간으로도 성적이 좋을 수밖에 없는 것이다.

며칠 전 나는 갑자기 쓰러질 듯한 아랫배 통증으로 병원에 갔다. 여러 가지 검사를 했지만 정확한 원인을 알 수가 없었다. 다만 운동 부족으로 혈액순환이 안 될 때 여자들이 흔히 겪는 배란통일 수도 있다고 산부인과 의사는 말했다. 운동을 하면서 다음 달에도 똑같은 증상이 오는지 기다려 보자고 했다.

나는 직장을 다니면서 아이들을 키우다 보니 따로 운동할 시간을 내기가 어렵다. 운동을 하지 않으니 몸이 굳어서 목도 아프고 어깨도 뭉쳤다. 나는 '아이들을 돌보면서 어떻게 운동하는 시간을 낼까?' 생각하다가 첫째 소윤이를 데리러 유치원까지 걸어가서 산을 통해 집으로 걸어오는 방법을 생각해 냈다. 이 방법은 25분 정도의 운동 시간을 낼 수 있었다.

퇴근하자마자 수연이와 유치원으로 걸어가서 소윤이를 데리고 산으로 걸어서 아파트로 왔다. 산으로 걸어오면서 고양이가 쉬고 있는 모습을 발견했다. 소윤이는 "엄마, 고양이 키우고 싶어. 고양이는 내가 보살펴 줄 거야!"라고 말했다. 또 개미떼와 개미집을 보면서 즐거워했고, 거미줄에 매달려 이동하고 있는 거미를 보면서 수연이는 "엄마, 거미는 날개도 없는데 어떻게 날아가?"라는 질문을 하여 나를 웃게 만들었다.

한참 즐겁게 걸어오다가 소윤이가 또 고양이가 보고 싶다고 했다. 그래서 유치원 근처로 다시 돌아가 보니 그새 고양이는 가고 없었다. 아이들은 고양이가 없어졌다면서 아쉬워했다. 고양이를 다시 오게 하고 싶다며 고양이 흉내를 내면서 한참 동안 주변을 서성였다. 결국 고양이는 보지 못했지만, 걸어오는 도중에 강아지를 만나서 강아지를 만져보고 즐거운 시간을 가졌다.

집에 돌아온 뒤 소윤이는 아빠에게 "아빠, 강아지가 내 손을 핥아 줬어."라고 자랑했다. 산에서 내려오면 아파트 놀이터가 있는데, 소윤이는 놀이터에서 보는 사람마다 유치원에서 올 때 산으로 왔다고 자랑했다. 아이들도 오랜만에 산에 가니 정말 좋았나 보다. 앞으로는 아이들을 데리고 자주 산에 가야겠다고 다짐했다.

아이들에게는 일상생활의 모든 것이 놀이고 공부다. 공부와 놀이를 따로 생각하면 안 된다. 일단 공부라고 생각하면 피곤해지고 힘들어진다. 아이들은 공부할 때보다 놀면서 더 많은 것을 배우게 된다. 놀 때는 엄청난 집중력을 발휘하고 피곤해하지도 않는다. 잘 노는 아이가 공부도 잘하는 이유다.

아이는 놀이를 통해 몸과 마음이 성장한다. 잘 노는 아이가 공부도 잘한다는 진리를 잊어선 안 된다. 몸을 많이 사용하며 놀게 되면 자연스럽게 학습능력이 좋아지고 결국에는 뇌 기능이 향

상된다는 것을 기억해야 한다. 아이가 온몸을 이용하여 놀 수 있
게 도와주고, 초등학교에 들어가기 전까지는 최대한 놀 수 있도록
하라.

엄마와 노는 것이
교육의 첫 시작이다

어린이의 미래를 구축하는 것은 어머니의 일이다.
- 나폴레옹 -

"엄마, 오늘 나 사과 주스 먹고 싶어. 오늘은 내가 만들어 볼래."

일곱 살인 소윤이가 요리를 하고 싶다고 졸라댔다. 안 그래도 같이 놀이를 할까 하던 참인데 이번 기회에 요리를 같이 해 봐야겠다고 생각했다.

"소윤아, 지난번에 텔레비전에서 '최고의 요리비결' 봤지? 그것처럼 소윤이가 요리하는 셰프가 되고 광희처럼 엄마가 재미있게 진행해 볼게. 어때?"

"응, 좋아."

"소윤이가 사과를 씻어서 오면 엄마가 믹서기를 준비해 놓을게."

아이는 신난 듯이 사과 2개를 씻어 왔다. 평소 같으면 물을 흘리고 다닌다고 야단쳤을 텐데 그때만큼은 혼내지 않고 요리에 집중하도록 했다. 믹서기에 사과를 넣고 갈자 그 모습을 보며 평소보다 더 신나했다. 그리고 주스라는 결과물이 나오자 스스로 컵에 따라서 엄마에게 먼저 주는 것이었다. 이어 자기도 따라 마시더니 기분 좋은 표정을 지었다.

"엄마랑 같이 요리 해 보니까 기분이 어때?"

"재미있어. 다음에는 키위 주스도 만들고 싶어."

"그래. 엄마도 키위 좋아하는데, 그럼 다음번에 또 같이 해 보자!"

육아에서 노는 것이 중요하다고 하지만 맞벌이라서 그런지 퇴근 후 멀리 놀이공원에 가거나 장시간 아이와 노는 것은 쉽지 않다. 그래서 종종 퇴근 후 일상에서 하는 것들을 놀이라 생각하고 아이가 참여하는 주도적인 놀이를 하려고 노력한다.

이때 놀이의 중심은 아이다. 평소에는 가정 내에서 아이가 중심이 되기가 어려운데 놀이 시간만큼은 무조건 아이가 대장이다. 아이가 하자는 대로 주도하게 하고, 나는 그 주도에 맞춰 칭찬을 하면 집안 분위기가 금방 좋아진다.

누구나 아이를 리더십 있게 키우고 싶어 한다. 그러나 리더십은 하루아침에 키워지는 것이 아니다. 주도적인 경험이 성공으로 이어질 때 리더십이 성장한다. 만약 집중력 있는 아이로 키우고 싶다면 놀이 속에 집중할 수 있는 요소를 넣는 것이 좋을 것이다.

얼마 전 문화센터에 종이접기를 신청해서 첫째 소윤이와 참여했다. 소윤이는 사교성이 좋은 편이다. 놀이터에 가서도 모르는 사람과도 금방 친해지고 낯가림이 별로 없다. 대신에 뭔가 몰입해서 집중해야 하는 시간이 짧은 편이다. 이것을 어떻게 도와줄까 고민하던 중 문화센터에 있는 종이접기 수업에 같이 참가하게 되었다. 집에서 혼자 종이접기를 할 때는 중간에 그만 두고 완성을 못했었는데 수업에 놀이처럼 참여하고 나니 재미있게 종이접기를 완성할 수 있었다. 이처럼 놀이 속에서도 교육의 효과를 충분히 찾을 수 있다.

외동아들을 키우는 서윤 엄마는 워킹맘이다. 아이와 함께 노는 시간이 부족하기 때문에 아이가 사 달라는 장난감을 미안한 마음에 풍족하게 사 주는 편이다. 새로운 시리즈가 나올 때마다 아이가 장난감을 요구하면 그때마다 장난감을 사 주지만 곧 싫증을 내고 장난감들이 버려진다. 그것을 보면서 나는 아이가 혼자서 장난감을 가지고 노는 것보다는 부모와 상호작용을 할 수 있는 놀이를 통해서 짧은 시간이라도 같이 교류하는 것이 필요하다고 생각했다. 예를 들면, 같이 참여해서 식탁을 차린다든지, 마트에서 물건을 함께 고른다든지 하는 일상적인 일들은 특별히 시간과 돈을 투자하지 않아도 가능하다.

책에서 나오는 설명만 보는 것보다 눈으로 직접 체험하는 것이 아이의 오감을 자극하게 된다. 그렇기 때문에 교육적인 면에서 생생한 현장체험이 되는 것이다.

　나는 여행을 갔을 때도 되도록 아이들이 눈여겨볼 만한 장소를 미리 섭렵해서 가는 편이다. 며칠 전 남대문 근처에 가서 아이들이 좋아하는 물건을 사 주고 남대문을 아이들이 눈으로 직접 볼 수 있도록 했다. TV에서 보는 남대문이 아니라 직접 눈으로 보는 남대문이 국보로서 어떤 가치가 있는지 설명해 줬다. 여행을 하면서 아이들이 역사에 대해서 관심을 갖게끔 유도한 것이다. 용산 어린이 박물관에 가서는 삼국시대의 유물과 관련된 뮤지컬을 보면서 우리나라의 역사에 대한 흥미나 호기심을 유발했다.

　식당에 가거나 커피숍에 가면 혼자서 스마트폰에 빠져 있는 아이들을 많이 본다. 엄마들은 대화하느라 정신없이 바쁘고 아이들은 스마트폰을 보느라 바쁘다. 어쩔 수 없는 현실일 수도 있겠지만 점점 더 아이들은 노는 방법이 한정되어 가는 듯해 안타깝다.

　초록우산어린이재단 아동복지연구소의 조사에 따르면 초등학교 4, 5학년의 TV 시청 시간은 평일엔 하루 1시간 24분, 주말엔 2시간 40분이었다. 컴퓨터와 스마트폰 이용 시간을 합치면 평일은 2시간 48분, 주말은 4시간 5분이나 된다고 한다. 이 중 학습이나 정보 검색에 쓴 시간은 35~37분(평일)이고, 나머지는 게임, 소셜 미디어, 동영상을 보느라 쓴 시간이다.

　나는 아이들과 동네 놀이터에 갔을 때 초등학교 4학년 아이를 만났다. 놀이터에서 놀고 있는 아이에게 평소에 놀 때 뭐하고 노는지 물어보았다.

"평일에는 스마트폰 게임을 하고 주말에는 '무한도전, 런닝맨' 방송을 봐요. 요즘에는 유튜브 동영상을 보는데 악어, 양띵 같은 유명 게임 BJ(개인 방송 진행자)들의 영상을 좋아해요."

엄마와 잘 노는 것이 중요하다는 것을 알면서도 실천하기는 쉽지 않다. 하지만 어릴 때 엄마와 잘 놀았던 경험이 없으면 아이는 점점 미디어에 의존하게 된다. 노는 것과 교육을 따로 하는 것보다 놀면서 배울 수 있도록 신경 쓸 수 있는 사람은 가장 가까운 엄마다. 엄마와 잘 노는 아이는 밖에서도 잘 논다.

아이와 노는 것을 겁내지 말자. 엄마와 함께라면 종이 한 장으로도 아이와 충분히 놀 수 있다. 시중에서 파는 장난감이 아니라 엄마가 만든 장난감으로 아이와 놀아 보자. 아이는 엄마와 노는 시간을 소중히 여기고 앞으로 배우게 될 여러 가지를 엄마와 함께 놀면서 습득하게 되는 것이다. 엄마가 이 시기에 가장 좋은 친구가 되어야 한다. 엄마와 노는 것이 교육의 첫 시작이기 때문이다.

놀이만한
공부는 없다

"엄마, 여기로 와 봐."

"소윤아, 왜 불렀어?"

"나랑 놀아 줘."

소윤이가 놀아 달라고 부른다. 처음에는 아이와 어떻게 놀아 줘야 할지 방법을 몰랐다. 그래서 아이가 놀자고 부르면 걱정도 되고 한숨이 나왔다. 나는 내성적인 성격 탓에 노는 것과 거리가 멀다. 한마디로 놀 줄 모르는 엄마였다. 그래서 아이가 놀자고 하면 고민스러웠다. 내가 재미있게 놀아 주지 못하면 소윤이는 금방 싫증을 낸다. 징징거리면서 "엄마, 심심해."라는 말을 몇 번씩이나 한다. 결국 놀이터에 데리고 나가서 노는 것이 내가 놀아 주는 것의 전부였다.

요즘 부모들 중에도 아이와 제대로 놀아 주는 방법을 아는 부모들은 그리 많지 않다. 어렸을 때 제대로 놀아 보지 못했기 때문에 어른이 되어서도 노는 방법을 모르는 것이다. 아이들 역시 제대로 놀 줄 아는 아이가 많지 않다. 부모가 노는 방법을 모르니 당연한 결과다. 아이들은 자연스레 스마트폰으로 게임을 하거나 TV를 보면서 시간을 보내게 된다.

IT의 황제 빌 게이츠와 스티브 잡스는 아이들에게 컴퓨터 사용을 엄격히 제한했다고 한다. 스티브 잡스는 아이패드가 나왔을 때도 자녀들이 전혀 사용하지 못하게 했다. IT 관련 회사에 근무하는 기업의 리더들도 아이들의 디지털 기기나 인터넷, 게임 시간에 대해서는 엄격하게 관리했다고 한다. 컴퓨터를 만들고 아이패드를 만드는 사람들이 자녀들에게는 사용을 금지했다는 것은 아이들이 사용하면 좋지 않기 때문일 것이다.

아이들에게 컴퓨터나 TV, 스마트폰을 이용하는 시간을 제한하여 하루에 2시간 이상은 초과하지 않아야 한다. 그러기 위해서는 부모가 먼저 TV, 스마트폰을 멀리해야 할 것이다.

아이와 잘 노는 방법은 어떤 것일까? 일단 아이에게 함께 놀아서 정말 재미있다는 것을 느끼게 해 줘야 한다. 그리고 아이가 주도적으로 놀이를 이끌어 가도록 도와줘야 한다. 엄마는 놀이에서는 순전히 조력자 역할만 해야 하는 것이다.

둘째 수연이는 소꿉놀이를 가장 좋아한다.

"엄마, 빵이랑 커피 드세요."

"응, 맛있겠구나. 엄마가 다른 것도 부탁해도 돼?"

"응, 뭐 만들어 줄까요?"

"엄마 딸기 주스 먹고 싶어."

"응, 알았어."

수연이가 소꿉놀이를 하면서 음식을 만들어서 먹어 보라고 가져온다. 수연이는 소꿉놀이 세트만 있으면 몇 시간이라도 혼자 놀 수 있을 정도다. 예전에는 나무로 된 소꿉놀이용 싱크대가 있었는데, 그걸 사용하지 않은 방에 보관했더니 아이가 자꾸 그 방에 왔다 갔다 하는 것이었다. 자세히 봤더니 소꿉놀이를 하고 싶어서였다. 바로 장난감 싱크대를 거실로 꺼내 줬더니 요즘엔 수시로 소꿉놀이를 하면서 음식을 만들어 낸다. 지난번에는 나들이할 때 사용하는 할머니의 식기세트를 보더니 하루 종일 가지고 놀았다. 수연이가 너무 좋아해서 결국에는 한 세트를 사 줬다.

수연이는 소꿉놀이를 하면서 만든 음식을 인형에게 먹여 준다. 또 장난감 전화기로 누군가와 통화하는 놀이를 즐겨 한다. 이렇게 아이는 상상력을 동원하여 논다.

세 살이 가까워지면 소꿉장난, 병원놀이, 인형놀이 같은 상상놀이를 즐긴다고 한다. 상상놀이는 아이의 인지 발달에 중요한 역할을 하고, 올바른 정서 발달에 도움이 된다. 아이들은 놀 때가 가장 행복하다. 잘 놀면 창의성이 생기고 육체 발달에 도움이 된다. 놀이를 하면서 알아야 할 모든 것을 배우고, 세상을 배우게 되는 것이다.

소꿉놀이를 하지 않는 아이가 자폐일 가능성이 있다는 연구 결과가 나온 적이 있다. 미국 로스앤젤레스 캘리포니아대학 인간 발달 심리학과 코니 카사리 박사는 자폐장애를 일찍 포착할 수 있는 비정상 행동 5가지를 발표했다. 주위 세계를 이해하는 방법이 다른 자폐아의 비정상 행동은 다음과 같다.

우리는 대부분 아이가 말이 좀 늦거나 다른 아이들과 어울리지 못할 때 '좀 더 크면 괜찮아질 거야'라고 생각한다. 그래서 아이에게 별다른 신경을 쓰지 않고 지나가는 경우가 많다. 그러다가 한참이 지나도 아이의 말이나 행동이 나아지지 않자 병원에 가서 자폐장애를 판정받고 어려워하는 경우가 종종 있다. 위의 연구 결과를 토대로 아이를 유심히 관찰하다 보면 아이의 상태에 대해 빠른 판단을 할 수 있을 것이다. 지금부터라도 아이들이 노는 것을 유심히 관찰해 보자.

소윤이가 계란찜을 좋아해서 자주 하는 편이다. 어제도 계란찜을 하려고 하는데 소윤이가 "엄마, 내가 계란 깰게." 하는 것이었다. 그러자 수연이도 "엄마, 나도 나도." 하면서 달려왔다. 계란을 탁탁 쳐서 그릇에 깨서 넣는 것이 엄마처럼 잘 안 된다고 아우성이다. 겨우 계란을 그릇에 깨서 넣은 다음 휘휘 젓기도 하면서 재미있어한다.

대파를 아동용 칼을 이용해 썰어서 넣고 계란찜을 만들었다. 저녁 식사 때 아이들과 만든 계란찜을 식탁에 내놓았더니 아이들은 아빠에게 "아빠, 우리가 만들었어요. 맛있게 드세요." 하면서 좋아한다. 이런 모습을 보면서 지금까지 내가 아이들이 도와준다고 하면 오히려 귀찮아진다고 여기고 참여시키지 않았던 것을 반성하게 됐다. 그리고 앞으로는 아이들과 더 많은 요리 체험활동을 해야겠다고 생각했다.

아이들에게는 일생생활의 모든 것이 놀이다. 요리를 하면서도 아이들은 창의력을 발전시킬 수 있다. 혼자 놀면서 무한한 상상력을 키우기도 한다. 친구와 같이 놀 때는 친구에게 장난감을 양보할 줄 아는 배려 깊은 아이로 자라나게 된다. 놀이를 하면서 아이디어를 내고 문제가 생겼을 때 문제해결능력을 키울 수 있다.

아이는 몸을 쓰면서 힘을 조절할 줄 알게 된다. 또 올바르게 생각하는 방법을 배우고 감정을 조절할 줄 아는 능력이 생긴다. 창의력, 사고력, 문제해결능력, 주의집중력, 자기조절능력을 배울 수 있다는 것이다. 이렇게 아이들은 초등학교 들어가기 전까지라도 놀면서 열심히 배워 나가야 한다. 아이들의 두뇌는 놀이를 할 때 가장 잘 발달한다.

노는 것이 가장 행복한 아이에게 부모는 노는 방법을 알려 주고, 아이가 자유롭게 놀 수 있도록 도와줘야 한다. 아이의 두뇌는 놀이를 할 때 가장 발달한다. 세상에 놀이만 한 공부는 없다. 아이가 알아야 할 모든 것은 놀이에 있다. 아이는 놀면서 행복하게 자라나야 한다. 어떤 일이든지 즐기면서 하게 되면 성공은 저절로 따라오게 되어있다.

아이와 엄마가 행복해지는 덧셈육아 7가지

아이를
믿음으로 격려하라

"우와, 혜진이 그네 정말 잘 타네!"

"엄마는 맨날 다른 친구만 칭찬하고. 미워!"

"소윤이도 그네 타는 연습 많이 하면 잘 탈 수 있어."

"지금도 많이 연습했단 말이야."

"그렇구나. 지금은 소윤이가 그네를 잘 못타지만 계속 연습하면 잘 탈 수 있을 거야. 엄마는 소윤이를 믿어."

하루는 놀이터에서 아무 생각 없이 소윤이 친구인 혜진이가 그네를 너무 잘 타길래 나도 모르게 칭찬을 했다. 그랬더니 소윤이가 울면서 엄마는 다른 친구만 칭찬해 준다고 볼멘소리를 했다. 나는 소윤이가 나를 닮아서 운동신경이 조금 둔한 것 같아 항상 걱정이 되었다. 같은 또래에 비해서 그네를 타는 것도 많이 차이가 났기 때문이다.

소윤이도 친구들이 그네나 자전거를 잘 타는 모습을 보면 부러워하면서도 조금은 속상해했다. 소윤이는 자기 나름대로 많이 연습했다고 생각하는데 실제로는 잘 되지 않으니 속상했던 것이다. 그러나 나는 항상 소윤이가 연습을 많이 하면 잘할 수 있다는 자신감을 심어 주려고 노력했다. 조급해하지 않고 항상 옆에서 잘할 수 있다고 격려해 주자 소윤이도 곧 그네 타는 것을 즐기게 되었다. 그러더니 어느 순간 그네를 아주 잘 타게 되었다.

아이들은 엄마가 믿어 주는 만큼 성장한다. 아이에게 항상 믿음을 주는 말을 해 주는 것은 정말 중요하다. 말 한마디로 아이의 인생이 바뀔 수도 있기 때문이다. "너는 특별한 존재야.", "너는 뭐든지 할 수 있어."라는 말을 자주 듣는 아이는 부모의 믿음 가득 찬 격려 한마디로 자신에 대한 믿음이 생긴다.

자기 자신에 대한 믿음은 자신을 가치 있는 사람으로 판단하는 근거가 되어 힘든 상황에서도 훌훌 털어 버리고 일어날 힘이 된다. 엄마가 아이를 고집쟁이로 생각하고 아이를 대한다면 아이는 어느새 고집쟁이가 되어 있을 것이다.

부모가 바라보는 시각을 아이는 직감적으로 느낄 수 있다. 만약 부모가 아이를 나쁘게 생각하고 있다면 아이는 즉시 알아차리고 스스로 위축될 것이다. 아이는 부모의 말뿐만 아니라 말을 하면서 수반된 표정이나 행동을 보면서 부모가 자신에 대해 어떤 생각을 하고 있는지 읽을 수 있기 때문이다. 그러므로 항상 부모는 아이를 긍정적으로 바라보고 아이에게 자신감을 주는 격려의 말을 자주 해 주어야 한다. 아이는 자신을 믿어 주고 격려해 주는 사람이 있다는 것만으로도 힘차게 생활해 나갈 수 있다.

미군 최고사령관 맥아더 장군은 우리나라의 6·25전쟁 당시 인천상륙작전으로 활약했던 사람이다. 최근 〈인천상륙작전〉이라는 영화가 개봉되어 맥아더 장군이 우리나라 역사에 기여한 것을 되새겨 볼 수 있었던 계기가 되었다.

미국에서 맥아더 장군이 육군사관학교를 다닐 때의 이야기다. 어느 날 그는 졸업시험을 앞두고 시험에 통과하지 못할까 봐 굉장히 걱정하고 있었다. 그때 그의 어머니가 다음과 같이 격려했다.

"아들아, 네 자신을 믿으렴. 네가 널 믿지 않으면 누가 널 믿어 주겠니? 자신에게 믿음을 가지면 무엇이든 할 수 있단다. 끝까지 최선을 다하기만 하면 돼. 그러면 혹시 1등이 못 돼도, 아니 낙제를 한다고 해도 자기 자신이 열심히 했다는 사실을 알 테니 후회가 남지는 않을 거야."

맥아더는 어머니의 말에 큰 힘과 용기를 얻었다. 자신감을 가지고 졸업시험을 본 결과 그는 육군사관학교를 최우수 성적으로 졸업할 수 있었다. 그뿐만이 아니라 확고한 자신감과 믿음을 가지고 수많은 전투를 승리로 이끌면서 마침내 역사상 가장 유명한 장군이 되었다. 우리나라에서도 6·25전쟁 당시 맥아더 장군의 활약상을 기리기 위하여 지금도 인천에 있는 인천상륙작전기념관에 맥아더 장군의 흉상을 전시하고 있다.

나는 맥아더 장군의 성공담을 들으면서 부모의 역할이 얼마나 중요한지 다시 한 번 느꼈다. 만일 맥아더 장군을 믿어 주지 않는 부모 아래서 자랐다면 그는 이렇게 성공적인 삶을 살지 못했을 것이다. 다행히도 맥아더 장군을 믿어 주는 부모가 있어서 자신감을 가지고 용기를 낼 수 있었고 오늘날의 훌륭한 장군이 될 수 있었다.

부모는 아이가 성공적이고 행복한 삶을 살기를 바란다. 그리고 아이들의 모든 것을 대신해 준다. 밥을 먹을 때 흘리고 늦게 먹는 걸 보지 못하고 부모가 먹여 준다. 아이가 충분히 할 수 있는데 부모의 급한 성격 때문에 경험을 빼앗는 것이다. 작은 일이라도 혼자 할 수 있다는 것은 어린아이에게 상당한 자신감을 줄 수 있는 경험이다. 이런 작은 성공 경험이 모여서 자신감이 더 커질 수 있는 기회를 부모가 빼앗지 말자.

나도 이런 실수를 한 적이 있다. 아이를 키우면서 직장에 다니다 보니 아침에는 시간이 절대적으로 부족하다. 아이가 없을 때는 회사에 지각하는 사람을 이해하지 못했다. 그런데 아이를 낳아 길러 보니 이해가 간다. 아무리 빨리 준비하려고 서둘러도 아이들이 따라 주지를 않는다. 애타는 엄마 아빠의 마음은 안중에도 없다.

아침부터 큰소리가 나는 건 다반사다. 일어나 움직이지 않고, 밥도 혼자 먹으려고 하지 않는다. 큰아이든 작은아이든 밥을 먹여 주길 기다린다. 나도 아침에는 바쁘기 때문에 시간 절약을 위해서 아이들의 밥을 떠먹여 주게 된다. 그렇게 조금이라도 아이들이 밥을 먹어야 안심이 되었다. 밥 먹이고 씻기고 옷 입히고… 1분 1초가 아쉬운 아침이다.

우리 집 아침 풍경은 전쟁터가 따로 없다. 그런데 결국 이런 나의 행동이 아이들의 작은 성공 경험을 빼앗은 것이었다. 아이들이 스스로 하게 해야 하는데 기다리지 못하고 대신해 주는 행동이 아이들에게는 좋지 않은 영향으로 작용한 것 같다.

워킹맘들에게 아침 시간은 1분 1초가 소중하다. 아이들을 유치원이나 어린이집에 보내고 출근을 해야 하기 때문에 항상 마음이 조마조마하다. 아이가 조금만 늦장을 부리면 출근시간에 맞추지 못하기 때문이다. 그래서 아이들이 스스로 할 수 있는 일도 시간이 많이 걸린다는 이유로 엄마나 아빠가 대신해 주는 경우가 많다. 그러나 이제부터는 아침에 조금 더 시간적인의 여유를 가지고 아이와 아침 준비를 해 보자.

우선 하나하나씩 아이가 혼자 준비할 수 있도록 지켜봐 주자. 일상생활에서 엄마에게는 사소한 일이어도 아이에게는 힘들고 어려울 때가 많다. 엄마의 눈에는 아이의 행동이 느리거나 잘 하지 못해서 답답하게 보여도 참고 기다려 줘야 한다.

아이의 입장에서 생각하고 기다려 주는 마음을 가지려고 노력해보자. "너는 잘 할수 있어."라는 말로 스스로 할 수 있도록 믿고 격려해 주면 아이는 자신감을 가지고 해낼 것이다. 이렇게 반복하다 보면 아이는 점점 더 많은 것을 해낼 수 있게 되고 모든 일에 능숙하게 될 것이다.

아이를 믿고 기다려 주기로 결심해도, 얼마 못 가 아이를 혼내고 후회하는 일이 반복되고 있다면, 나의 휴대전화 010.8872.2678번으로 '저도 작가님처럼 아이를 믿고 지지해 주고 싶어요!'라고 문자 메시지를 보내 보자. 나의 조언이 당신의 고민을 해결해 줄 것이다.

내 아이가 성공적이고 행복한 삶을 살기를 바란다면 아이를 믿어 주자. 부모가 믿어 주기만 하면 아이는 모든 일을 할 수 있는 가능성이 있는 존재이기 때문이다.

아이는 부모가 믿어 주는 만큼 자라난다. 부모가 아이에게 하는 말 한마디는 아이의 인생을 바뀌게 할 수 있을 정도로 중요하다. 그렇기 때문에 부모는 항상 아이를 믿음으로 격려해 줘야 한

다. 그러면 아이는 모든 일에 자신감을 가지고 자신의 잠재력을
100% 펼쳐 나갈 것이다.

아이의 자존감을
높여 주는 공감대화법

나는 아이를 낳기 전에는 좋은 부모가 될 것이라고 확신했다. 늦은 나이에 어렵게 아이를 낳아서 누구보다도 아이에 대한 사랑이 깊다고 생각했기 때문이다. 틀림없이 아이와 잘 소통하는 엄마가 될 거라고 자신했다. 하지만 이것은 나의 착각이었다.

육아가 현실이 된 지금, 아이들과 하루하루를 보내는 것이 정말 보통 일이 아니라는 것을 실감한다. 아침에 일어나자마자 나는 아이들에게 빨리 일어나라고 소리치게 되고, 하나부터 열까지 빨리빨리 하라고 재촉하게 된다. 그러다 보니 좋은 엄마보다는 모든 일에 서두르는 엄마가 되어 가는 모습을 발견하게 되었다.

그러던 어느 날 책을 쓰기 위해서 커피숍에 갔는데 옆 테이블에서 이런 대화가 오가는 것을 듣게 되었다.

"우리 아이가 네 살인데 정말 말도 안 듣고 떼를 써서 죽겠어."

"벌써 네 살이나 되었어? 네 살 때는 말도 안 듣고 떼도 많이 쓰지. 이때부터 잘 잡아야지, 안 그러면 커서 힘들어!"

"그렇구나. 아이가 막무가내로 떼를 쓸 때는 어떻게 해야 할지 모르겠어."

"말 안 들으면 혼도 내고, 경우에 따라서는 매도 들어야 해. 요즘 엄마들이 너무 오냐오냐하니까 이것도 문제야."

이야기를 듣다 보니 나의 경험이 생각났다. 어느 날 중요한 모임에 참여할 일이 있어서 아이를 급하게 맡겨야 했다. 언니에게 아이를 맡기기 위해 집을 나서는데, 둘째 수연이가 울면서 떼를 쓰기 시작했다.

"이모 집에 가기 싫어. 엄마랑 같이 있고 싶단 말이야."

급한 마음에 나는 아이를 충분히 달래 주지 못하고 "엄마 지금 늦었으니까 빨리 옷 입고 이모 집에 가자!"라고 말하면서 아이들을 언니에게 맡겼다. 내 입장에서만 이야기하고 아이의 이야기는 들어주지 않았던 것이다. 약속 시간에 늦어서 들을 시간도 없고 마음의 여유도 없었기 때문이었다. 결국 내 뜻대로 모임에 나갔지만 자꾸 수연이가 생각나고 미안한 생각이 들었다.

'좀 더 아이를 달래 주고, 다정하게 말해 주고 왔으면 좋았을 텐데…' 하는 아쉬움이 커졌다. 이런 나의 고민을 직장 선배에게 털어놓았다. 선배는 아이와 즐겁게 대화하는 공감대화법을 교육하는 곳이 있다고 추천해 주었다. 나는 그곳을 찾아가 아이와의 공감대화법을 배우게 되었다. 공감대화법의 핵심은 내가 해결하는 것보다 아이의 입장에서 공감해 주는 것에 있었다. 나는 배운 것을 이렇게 적용시켜 보았다.

    수연 : "엄마, 오늘 어린이집에 가기 싫어."
    나 : "수연이가 오늘은 어린이집에 가기 싫구나. 엄마한테 가기 싫은 이유를 말해 줄래?"
    수연 : "몰라. 그냥 가기 싫어."
    나 : "우리 수연이가 어린이집에 많이 가기 싫구나."
    수연 : "응. 진짜 가기 싫단 말이야. 다른 친구들은 엄마가 빨리 데리러 오는데 엄마는 맨날 늦게 오잖아."
    나 : "엄마가 자주 늦어서 수연이가 화가 많이 났구나. 미안해 수연아, 그럼 엄마가 오늘은 일찍 데리러 가면 어떨까?"
    수연 : "알았어, 엄마 일찍 와!"

예전의 나 같으면 바쁘고 시간 없을 때 아이의 마음을 공감해 주기보다는 내 위주에 맞춰 아이가 행동하도록 다그치는 대화를 많이 했었다.

자녀와의 공감대화법을 배운 후, 아이의 마음을 있는 그대로 수용하고 공감하는 대화 방법을 실천할 수 있게 되었다. 이렇게 하다 보니 아이의 욕구도 들어주게 되고 나도 미안함을 느끼지 않게 되어 아이와 소통이 훨씬 수월해졌다. 이러한 경험들이 쌓여 지금은 이전의 나와 같은 엄마들에게 '미안함을 느끼지 않게 하는 대화법'을 가르치게 되었다.

아이의 감정을 부모가 있는 그대로 받아들이지 않거나 무시하게 되면 아이는 무시당했다고 느끼며 심지어는 화를 내기도 한다. 시간이 지나면 감정에 무감각해지고, 자신의 감정을 신뢰하지 못한 채 어른으로 자란다. 자신의 느낌을 믿지 못하고 자신에 대한 믿음이 없는 것이다.

시간이 지나면서 점점 "자신이 가치 있는 사람이다."라는 전제를 의심하게 된다. 자신감은 자기 자신을 믿는 것에서 나온다. 자존감은 스스로를 존중하는 것에서 시작해 "나는 사랑스러운 사람이다."와 "나는 가치 있는 사람이다."라는 두 가지 개념이 혼합되어 있는데, 자신을 믿지 못하면 자존감이 낮게 형성된다.

아이의 자존감이 낮은 것은 부모가 아이의 마음을 공감해 주면 자연스럽게 해결되는 문제다. 지금까지 어른의 관점으로 아이를 봐 왔기 때문에 해결할 수 없었던 것이다. 아이의 마음을 공감하고 수용하는 것으로부터 대화를 시작해 보자. 아이의 말을 전적으로 들어 주고 진실된 태도와 마음으로 공감해 주는 것이다. 아이에게 명령하거나 충고하지 말고 아이의 감정을 받아 인정해 주고 있는 그대로 공감해 줄 때 아이의 자존감은 높아진다.

아이의 마음을 읽는 대화 기술이 서술된 《하루 10분 자존감을 높이는 기적의 대화》에는 다음과 같은 내용이 나온다.

"부모가 아이의 감정을 이해하는 것은 하나의 기술이지 과학이 아니다. 몇 년 동안 관찰한 결과 부모들은 몇 번의 시행착오를 거치고 나서야 이 기술을 잘 다루었다. 여러 번 경험을 쌓고 난 다음에 무엇이 아이를 화나게 하고 무엇이 아이를 편안하게 해 주는지 잘 알게 되기 때문이다."

자존감은 키가 크듯이 자연스럽게 시간이 지나면 그냥 생기는 것이 아니다. 아이가 어릴수록 아이의 마음을 인정하고 수용할 줄 아는 부모의 역할이 아주 중요하다. 아이가 떼를 쓰거나 부모의 마음에 들지 않는 행동을 할 때 그 마음을 먼저 공감해 주고, 아이의 욕구를 들어주려고 노력한다면 아이는 자기 스스로를 사랑하는 자존감 있는 아이로 성장할 것이다.

엄마가 의도한 대로 아이를 공부시키려고 하거나 변화시키려고 하지 말아야 한다. 부모의 충고 대신 감정을 받아 주고 인정해 줄 때 아이의 자존감은 커진다. 이야기를 잘 들어 주고 공감해 주기만 해도 아이는 스스로 답을 찾아낸다. 그렇게 스스로 문제를 해결해 나갈 때 자존감이 높아지게 된다. 그 기회를 부모의 조급함으로 빼앗지 말자. 자신을 믿고 존중하는 아이로 행복하고 멋진 모습으로 성장할 수 있도록 만들어 주자.

아이의 속마음을
자주 들여다보라

"엄마, 머리가 아파서 못 일어나겠어."

"그래? 많이 아파?"

"응"

"그러면 병원에 가 보자."

아이를 키우다보면 아이가 아프다고 우는 일이 흔하다. 어느 날 아침 소윤이가 일어나면서 머리가 아프다고 소리치면서 울었다. 그래서 소윤이를 데리고 급히 병원으로 달려갔는데, 의사 선생님은 아무 이상이 없다고 진단했다. 소윤이가 편식이 심해서 혹시 빈혈인지 의심스러워 피 검사를 했는데 정상이었다. 아마도 아프지 않은데 엄마 아빠의 관심을 받고 싶어서 이런 행동을 하는 것이다.

어떤 날은 아침에 일어나자마자 유치원에 가고 싶지 않다고 하기도 했다. 그렇지 않아도 아침에 정신없이 아이들을 등원시키고 출근하는데 유치원에 가기 싫다고 하면 대책이 없다. 누가 집에서 봐 줄 수 있는 상황도 아니고 정말 난감해진다. 그럴 때는 천천히 아이의 마음을 공감해 주고 이해하려고 노력하면서 대화를 시도한다.

"엄마, 오늘 유치원에 안 가고 싶어."
"그래. 소윤이가 오늘 유치원에 가기 싫구나. 왜 그럴까?"
"오늘 깍두기가 나오는데 먹기 싫어서."
"그렇구나, 근데 오늘 깍두기가 나온다는 것은 어떻게 알았을까?"
"식단표 보고 알았어."
"그랬구나. 근데 소윤이가 유치원에 안 가면 선생님들이 소윤이를 보고 싶어할 텐데 어떡하지?"
"엄마, 나 유치원에 갈래."

왜 가고싶지 않은지 이야기하다 보면 아이는 다시 유치원에 가고 싶다고 마음을 돌린다. 만약 아이의 속마음을 알지 못하고 겉으로 드러난 행동만 보고 건성으로 넘어간다면 아이들은 엄마가 자신의 마음을 이해하지 못한다고 생각할 것이다. 엄마는 이런 아이의 마음을 이해해야 한다. 워킹맘이든 전업맘이든 집안일을 하지 않을 수는 없다. 식사 준비도 하고 설거지도 해야 한다. 청소도 간단하게 해야 한다. 한도 끝도 없는 집안일을 하다 보면 아이들에게 신경을 쓰지 못하고 지나가는 경우가 많다. 아이는 엄마의 관심을 받기 위해 자신이 할 수 있는 표현을 시작한다.

"엄마, 책 읽어 줘."

"수연아. 조금만 기다려, 밥 먹고 읽어 줄게."

"엄마, 이제 밥 다 먹었으니까 책 읽어 줘."

"수연아, 설거지 하고 좀 있다가 책 읽어 주면 안 될까?"

"엄마 미워."

집안일을 빨리 마무리해야 한다는 강박 관념에서 아이의 요구를 들어주지 않고 계속 일만 한 결과, 결국 상황이 이렇게 된다. 어느 정도 집안일을 마치고 아이에게 가면 아이는 다시 웃으면서 엄마를 대한다. 그러나 나는 회사 일과 집안 일에 에너지를 다 써버려 피곤한 상태다. 아이들과 놀아 주는 것이 힘이 들고, 금방 피곤해진다. 아이들과 놀아 주더라도 나중에는 그냥 빨리 자면 좋겠다는 생각이 간절해진다. 그러니 아이가 엄마랑 같이 노는 시간이 좋을 리가 없다. 아이는 실망하고 혼자 놀기를 선택하게 된다. 계속 이런 상황이 반복되면 아이들은 엄마와 더 이상 소통하려 하지 않을 것이다.

며칠 전에도 집안일을 하고 있을 때 수연이가 안아 달라고 하기에 "조금만 기다려 금방 끝내고 안아 줄게." 하고 건성으로 대답한 뒤 일을 계속했다. 아이는 조금 있다가 또 안아달라고 왔다. 조금만 더 기다리라고 금방 끝난다고 했더니 결국 수연이는 울기 시작했다. 그때서야 나는 미안한 생각이 들었다.

아이가 안아 달라고 했을 때 바로 안아 주지 못하고 조금이라도 빨리 일을 끝내려고 아이를 기다리게 했던 것이 아이를 슬프게 만든 것이다. 하던 일을 멈추고 다가가 안아 주면서 "수연아, 엄마에게 안기고 싶었는데, 기다리라고 하니까 화가 났구나." 라고 말하자 수연이가 속마음을 말했다.

"엄마, 자꾸 기다리라고 하지마. 나 힘들어. 엄마랑 책도 읽고 싶고 엄마 머리카락도 잡고 싶어."

"그래, 엄마가 미안해. 다음부터는 수연이가 엄마에게 안아 달라고 하면 바로 안아 줄게."

아이의 마음을 이해해 주고 안아 주었더니 금세 기분이 풀린 것 같았다.

우리 아이들은 잠잘 때나 일어날 때 같이 누워서 내 머리카락을 만지는 것을 좋아한다. 내가 가운데에 누우면 아이들이 양쪽으로 한 명씩 누워서 머리카락을 만지면서 잠을 자거나 일어난다. 자기 전에는 이런 자세로 책을 읽어 주어야 아이들은 잠이 든다. 엄마의 냄새를 맡으면서 스킨십을 나누는 시간을 좋아하는 것이다.

아이에게는 엄마가 이 세상 누구보다도 소중하고 믿을 수 있는 존재다. 그래서 아이는 엄마를 전폭적으로 믿고 지지하며 무슨 일이 생기면 엄마를 먼저 찾는다. 아이는 엄마가 옆에 있다는 것으로 마음이 안정되고 평화로운 상태가 된다.

몇 년 전 수연이가 태어났을 때, 소윤이는 네 살이었다. 둘째아이를 낳고 큰아이인 소윤이에게 신경을 많이 써 주지 못했다. 모든 일의 중심이 동생 수연이었다. 어느 날 소윤이는 삼촌에게 "엄마가 싫어." 하면서 "엄마는 매일 수연이만 보고 있고, 나는 봐 주지 않아."라고 말했다.

네 살 아이도 아직 어린데 동생에게 엄마를 빼앗겼다고 생각하니 동생에 대한 질투심이 생긴 것이다. 미안하기도 하고 귀엽기도 했지만 엄마의 사랑을 누구보다도 더 받고 싶어 하는 아이의 마음을 알 수 있었다. 네 살짜리 어린아이에게 동생이 생겼을 때 얼마나 큰 심리적 충격이 생겼을지 그 마음을 알아야 한다.

아이들이 아프지도 않은데 사랑과 관심을 받고 싶어서 아프다고 할 때 엄마는 아이들의 속마음을 이해해 주어야 한다.

아이의 속마음을 이해하려면 엄마가 먼저 자주 들여다 보자. 또 아이가 놀아 달라고 하거나 도움을 요청했을 때는 아무리 바빠도 바로 아이의 문제를 함께 해결하기 위해 노력하겠다는 의지와 관심을 보여 줘야 한다. 그래야 아이는 자신이 사랑받고 있다는 느낌을 갖게 되고 자존감을 키우게 된다.

엄마는 아이에게 관심을 표현하고 긍정적인 반응을 줘야 한다. 아이가 말하지 못한 마음의 소리를 들어 주는 엄마가 되도록 노력하자.

아이의 문제행동은
자신의 마음을 읽어 달라는
SOS 신호다

문제아동이란 절대 없다. 있는 것은 문제 있는 부모뿐이다.
– 닐 –

"지우 때문에 속이 터져 죽을 거 같아요. 동생이 태어난 뒤로 자꾸 아이가 되가네요. 물도 우유병에 마신다고 하고, 소변도 잘 가렸었는데 저녁마다 이불에 지도를 그리네요. 그리고 제가 안 보면 자꾸 동생을 때려요."

지우는 다섯 살 남자아이다. 동생이 태어난 후 지우는 아기처럼 변해 버렸다. 지우 엄마는 이제 곧 직장에도 복귀해야 하는데 걱정이라고 했다. 자꾸 아이가 엄마를 힘들게 하려고 일부러 그러는 것 같다고 말했다.

아이는 문제행동을 하기 전에 엄마에게 계속 신호를 보낸다. 그러나 이 신호를 파악하지 못한 엄마는 아이가 일부러 힘들게 한다고 생각하게 된다. 지우는 동생이 태어나서 엄마를 빼앗길 것 같은 불안감으로 퇴행행동을 보였다. 그런 문제행동을 하면서 엄마의 사랑과 관심을 되돌리려고 하는 것이다. 엄마는 먼저 아이에게 사랑과 관심을 표현해 줘야 한다. 동생을 낳은 직후에는 큰아이에게 더 집중해야 한다. 그래서 아이가 엄마에게는 자기가 우선이라고 느끼게 해 줘야 한다.

엄마는 아이의 행동을 다그치지 말고 아이가 느끼지 못하도록 자연스럽게 관심을 돌려 주는 것이 좋다. 그렇지 않으면 문제행동을 할 때마다 화를 내고 야단쳐도 아이는 달라지지 않을 것이다. 아이의 입장에서 생각해 보고 아이의 마음에 공감해 줘야 한다.

부모는 항상 아이가 잘되기 바라는 마음에 아이 위주로 생각하고 생활하는데, 아이가 행복해하지 않고 자꾸 엇나가는 이유를 몰라 답답해한다. 아마 많은 부모들의 고민이기도 할 것이다. 아이들은 여러 가지 방법으로 부모에게 자신의 상태를 알리려고 노력한다. 그중 대표적인 방법이 문제행동을 하는 것이다. 아이들이 문제행동을 했을 때 근본적인 이유를 알지 못한다면 적절한 대처를 하기가 어렵다.

문제행동의 근본적인 이유를 알기 위해서는 아이들의 마음에 집중해야 한다. 부모가 아이의 입장에서 생각해 보고 마음의 여유를 갖도록 노력해야 한다. 부모가 먼저 마음을 열고 아이들의 이야기를 들어 주면서 '지금 내 아이를 힘들게 하는 것은 무엇일까?' 살피고, 혹시 엄마인 내가 아이를 힘들게 하지는 않았는지 되돌아봐야 한다.

아이들의 이야기에 공감하고 존중하는 자세로 소통하는 것이 문제를 해결해 나가는 데 도움이 된다. 부모가 아이에게 공감을 잘해 주면 아이는 자신이 사랑받을 만한 가치가 있다고 여겨 자존감이 높아진다.

"엄마 머리 만지고 싶었어!"

어린이집에 수연이를 데리러 가면 제일 먼저 하는 말이다. 그럼 나는 "엄마도 수연이 많이 보고 싶었어!" 하면서 꼭 안아 준다. 우리 아이들은 둘 다 아침에 일어날 때와 잠들기 전에 엄마의 머리카락을 만지는 것을 좋아한다.

어느 날부터 수연이는 내가 머리 감는 것을 싫어한다. 나는 아침에 아이들이 일어나기 전에 머리를 감고 나온다. 잠에서 깬 수연이는 엄마가 머리를 감았다고 서럽게 운다.

"엄마, 머리 감지 마!"

아침에 일어날 때 엄마 머리를 만지고 싶은데 엄마 머리가 젖어 있는 것이 싫다는 것이다. 아침부터 엄마가 머리를 감는 것은 아이들에게 '엄마가 회사에 가고 자기는 어린이집에 가야 해서 헤어져야 한다'는 것을 의미한다.

어린아이들은 엄마와 분리되는 것에 대한 두려움이 있다. 나는 처음에 소윤이가 내 머리카락을 만질 때 그냥 좋아서만 그러는 줄 알았다. 수연이도 내 머리카락 만지는 것을 좋아하는 것을 보고 단순하게 언니가 좋아하니 수연이도 좋아한다고만 생각했다. 나중에 알고 보니 아이들이 엄마의 머리카락에 집착하는 것은 엄마와 연결되고 싶은 마음을 표현하는 것이었다. 엄마의 사랑과 관심을 받고 싶어서 엄마의 머리카락에 집착하는 것을 나는 단순하게 생각하고 있었다.

지금은 아이들이 머리카락을 만지고 싶다고 할 때 '엄마의 사랑이 필요한가 보구나' 생각하면서 꼭 안아 준다. "엄마는 소윤이를 사랑해. 수연이를 사랑해"라고 말해 준다. 그러면 아이들은 머리카락을 만지면서 안정을 찾는다. 아이들이 회복해야 할 것은 엄마와의 애착과 자존감이다.

아이들에게 무슨 문제가 생길 때마다 나는 워킹맘으로서 항상 아이들에게 잘 해 주지 못하는 것 같아서 죄책감이 들었다. 아침에는 바빠서 아이들에게 제대로 마음을 안정시킬 시간을 많이 주지 못했다. 엄마의 머리카락을 만지면서 마음을 안정시킬 최소한의 시간이 필요한데 그러지 못했다. 오후에도 마찬가지다. 집에 오면 아이들을 방치하고 집안일을 하는 날도 많았다. 내가 하지 않으면 누가 대신해 주는 것도아니니 빨리빨리 처리하려고 집안일부터 시작한 적이 많았다. 아이들의 마음을 이해해 주지 못하고 일상에 치여 살았던 것이다.

아이의 문제행동에는 다 이유가 있다. 바로 엄마의 사랑과 관심을 받기 위한 것이다. 아이가 왜 그런 행동을 하는지 원인을 파악하고 아이의 마음을 살펴보려는 노력을 해야 한다. 아이들의 문제행동의 원인이 되는 시기는 대부분 유아기다. 유아기에는 특히 엄마와 많은 시간을 보내게 된다. 그렇기 때문에 아이의 문제행동 대부분은 엄마와의 관계에서 비롯된다.

아이들은 어렸을 때 엄마가 한 말이나 행동에서 상처받은 것을 마음에 품고 살아가게 된다. 그것이 나중에 문제행동으로 나타나기도 한다. 상처가 심하면 아이의 인생에 치명적인 영향을 미치게 된다. 또 자존감이 낮은 아이는 문제행동을 통해 SOS 신호를 보낸다. 엄마는 아이의 SOS 요청을 재빨리 파악하고 마음에 공감해 줘야 한다. 엄마가 아이의 마음에 공감하면 아이는 자신을 가치 있는 존재로 생각한다.

"문제 있는 아이는 없고 문제 있는 부모만 있다."라는 말이 있다. 아이가 문제행동을 한다면 부모의 행동을 먼저 살펴보는 것이 좋다. 아이의 문제행동을 고치려고 하지 말고 부모가 올바른 행동으로 바꿔 보자. 그러면 아이의 문제행동은 해결될 것이다.

아이의 문제행동은 자신의 마음을 읽어 달라는 SOS 신호다. 엄마는 아이의 SOS 요청을 놓치지 않아야 한다. 아이의 마음을 읽어 주려고 노력하면서 아이에게 사랑과 관심을 표현해 보자. 아

이에게 사랑과 관심을 직접 표현해 주면서 꼭 안아 주거나 손을
꼭 잡아 주는 것도 좋다. 이러한 표현을 자주하면 아이들과의 소
통이 쉬워진다. 그렇게 성장한 아이들은 한층 더 밝은 모습으로
살아가게 될 것이다.

 05

'강압적 육아법'이 아닌 '느린 육아법'으로 키워라

수연 : "엄마, 언니가 때렸어."

엄마 : "소윤아, 왜 수연이를 때렸어?"

소윤 : "내 장난감을 수연이가 가지고 놀려고 해서 화가 났어."

엄마 : "화가 난다고 동생을 때리면 안 돼."

아이들끼리 싸우는 상황이 종종 생기곤 한다. 대부분 장난감이 원인이다. 하나의 장난감을 서로 가지고 놀려고 하는 것이다.

처음에는 아이들이 싸울 때마다 달려가서 어떻게든 해결하려고 애썼다. 싸움으로 인한 울음소리가 듣기 싫어서 최대한 빨리 벗어나고 싶었기 때문이다. 그래서 울고 있는 아이를 달래 주며 다른 것을 가지고 놀게 하고 서로 사과하게 했다. 그러나 "미안해.",

"괜찮아." 이런 식의 말로는 사과를 하지만 마음의 갈등이 해결된 것은 아니었다. 그래도 나는 "이제 서로 놀아." 하면서 싸움을 마무리하곤 했다.

이렇게 아이들의 갈등 상황이 생길 때마다 내가 강압적으로 개입하다 보니 아이들은 계속 나에게 의지하게 되었다. 이런 상황이 지속된다면 갈등이 일어날 때마다 아이들은 스스로 해결하지 못하고 엄마만 찾을 것이다. 또한 엄마가 강압적으로 개입하게 되면 반항심만 키울 수도 있다.

아이들의 사소한 다툼은 아이들 스스로 알아서 해결하도록 지켜보자. 엄마는 아이들이 스스로 해결할 수 있도록 믿음을 가지고 기다려 줘야 한다.

아이는 이런 부모의 모습을 보면서 자신의 문제를 해결할 수 있을 것이라는 믿음을 갖게 된다. 문제를 바라볼 때 엄마의 시선으로 보지 말고 아이들의 시선으로 보려고 노력해 보자.

"수연아. 쉬하자."
"엄마, 지금 안 하고 싶어."
"이크, 또 쉬했네."
"엄마, 미안해."
"한번만 더 옷에 싸면 혼날 줄 알아. 다른 아이들은 다 금방 뗀다는데…."

날마다 이런 일이 일어난다. 방금 전에 쉬하자고 했는데 안 하고 싶다고 하더니 바로 바지에 오줌을 싸는 것이다. 나는 너무 화가 나서 강압적으로 아이를 대했다. 다른 아이들은 대소변을 다 가렸다는데 우리 수연이만 늦은 것 같아서 짜증이 났다. '옆집 아이는 다 잘하는 것 같은데 왜 우리 아이만 늦을까?'라는 생각에 답답하기만 했다.

아이를 키우다 보면 다른 아이와 비교하기 시작한다. 옆집 아이는 한글도 다 떼고 대소변도 가린다는 소식을 들으면 마음이 다급해진다. 내 아이만 늦은 것처럼 생각되어 아이를 자꾸 다그치게 된다. 엄마의 시선으로는 아이의 모든 것이 다 엉성해 보여서 자꾸 재촉하면서 일일이 간섭하게 된다.

"넌 잘 못하잖아. 엄마가 해 줄게."

"엄마가 시키는 대로 해!"

이렇게 아이에게 사사건건 간섭하고 명령하게 되는 것이다. 강압적인 방법으로 키우다 보면 아이는 반항심만 생긴다. 아이가 어렸을 때는 엄마가 원하는대로 되지만 아이가 초등학교 고학년에 올라가면 달라진다. 관리하기가 쉽지 않다. 엄마와의 갈등 상황에서 엄마가 아이를 한 대 때리기라도 하면 "엄마가 때렸다고 경찰에 신고할 거야."라는 말을 서슴없이 한다고 한다. 이제는 자식이 엄마를 신고하는 시대가 된 것이다. 아이와 싸우면 결국에는 엄마가 울어야 끝이 난다.

세상은 너무 빨리 변한다. 사람들도 모든 일에 빨리빨리를 외치면서 살아간다. 이런 현상이 아이를 키울 때도 나타나는 것 같다. 아이가 빨리 걷는다든지, 기저귀를 빨리 뗀다든지 이런 것을 아이들의 발달 상황과 맞지 않게 빨리빨리 시키려고 한다.

그러나 아이를 키울 때는 아이가 조금 늦더라도 너무 조바심 내지 말고 아이가 스스로 잘 할 수 있을 때까지 기다려 줘야 한다. 키우는 엄마라면 참을성을 길러야 한다. 그리고 아이가 목표를 스스로 세우고 추진하도록 도와줘야 한다.

나는 모든 면에서 느리다. 성격도 조금 느긋한 편이다. 취직도 결혼도 아이를 낳는 것도 남들에 비해 많이 늦었다. 나이 서른에 제대로 된 직장에 취직했다. 결혼도 '해도 그만 안 해도 그만'이라는 생각이었다. 결혼 후 두 번의 유산으로 4년 만에 아이를 낳았다.

대학 졸업 후에도 제대로 된 직업을 찾지 못하고 여기 저기 떠돌아다녔다. 그러다가 서른이라는 나이에 공무원으로 첫 발령을 받았다. 내가 지금 이 자리에 있을 수 있었던 것은 나를 믿고 지켜봐 주는 부모님이 있었기에 가능하다고 생각한다.

부모님은 내가 늦은 나이에 공무원 시험을 공부할 때 "나이 먹었으니 이제 포기하고 결혼해라."라고 서두른 적이 없다. 또 결혼한 지 4년이 지나도록 아이가 없던 나를 믿어 주고 용기를 주었다. 그렇게 믿고 기다려 준 부모님이 있었기에 내가 지금 이 자리에 있게 된 것이다.

엄마의 눈에는 아이가 하는 모든 것이 완벽하지 않다. 그래도 믿고 기다려 줘야 한다. 엄마가 참을성을 길러야 하는 이유다. 아이들에게 참을성을 가르치려면 먼저 엄마가 참을성을 길러야 한다.

엄마는 아이의 행동이 완벽하지 않아도 아이에게 다그치지 말고 짜증을 내지 않으려고 노력해야 한다. 아이가 원하는 것을 요구할 때 기다리는 연습을 시켜 보는 것이다.

아이들은 실패하면서 배우고 실패를 경험 삼아 스스로 목표를 설정해 나갈 것이다. 스스로 생각하고 판단하여 목표를 세운 경우 아이는 책임감을 가지고 행동하게 된다. 그러니 엄마가 많이 참아 주고 기다려 주자.

아이를 '강압적 육아법'이 아닌 '느린 육아법'으로 키워라. 느린 육아법의 첫번째 덕목은 참을성이다. 엄마가 믿음을 가지고 기다려 주면 아이들은 작은 성공 경험을 하게 된다.

작은 성공 경험이 쌓이면 아이는 자신감을 갖고 일상생활을 할 수 있게 된다. 아이가 일상에서 작은 성공 경험을 쌓을 수 있도록 돕는 것이 현명한 엄마다.

인성은 학원에서
길러지지 않는다

지적 교육의 주요한 부분은 사실의 습득이 아니라,
습득한 것을 얼마나 잘 실천하느냐 하는 것을 배우는 것이다.
- 올리버 웬델 홈스 -

최근 인성교육진흥법이 발표되어 인성도 학원에서 배우는 시대가 되었다. 학교에서 인성교육 프로그램을 운영하고 부모들은 돈을 들여 자녀를 인성교육 캠프에 보내기도 한다. 고등학교나 대학교 입시에 인성을 반영한다고 하니 사교육시장도 들썩이고 있다.

인성의 사전적 의미는 '사람의 성품 또는 각 개인이 가지는 사고와 태도 및 행동 특성'이다. 인성은 가치관에 따라서 다르게 형성된다. 사람의 성품은 판단하는 사람이 보는 관점에 따라서 다르게 평가되는 주관적인 것이다. 그래서 짧은 시간에 제대로 평가할 수 없다. 인성을 평가하는 시간에 모든 것을 평가기준에 맞춰서 의도적으로 행동할 수 있기 때문에 실제적인 인성을 완벽하게 평가하기란 불가능하다. 이런 인성을 어떻게 평가하여 입시에 적용할지 궁금해진다.

"엄마, 책을 잃어버려서 시험공부를 못해요."
"그럼 다른 아이 책이라도 가져와야지. 시험 어떻게 보려고 그
래?"

"엄마, 친구가 다쳐서 병원에 입원했어요."
"그럼 이번에 등수가 좀 올라가겠다."

성적에만 관심이 있는 부모와의 대화다. 시험기간에 아이가 책
을 잃어버려서 공부를 하지 못한다는 말에 다른 아이 책이라도
가져와야 한다는 말을 한다. 성적을 높이기 위해서는 도덕적인 양
심을 버려도 되고 남이야 어찌되든 상관없이 자신의 성적만 중요
시 여기는 이기심을 가르치는 것이다.

또다른 대화에서는 아이의 친구가 아파서 입원했다고 하는데,
걱정이나 위로가 아닌 오히려 아이가 등수를 높일 수 있는 기회
라고 생각한다. 우리 사회에서는 부모에 의해 인성교육이 공부에
밀리는 것이 현실이다.

아이가 공부만 잘한다고 해서 성공할 수 있는 것은 아니다. 성
적도 중요하지만 다른 사람들을 배려하고 도와줄 수 있는 인성도
중요하다. 아이가 인성이 좋지 않다면 성인이 되어 회사에 들어갔

을 때 직장 사람들과의 관계에서 힘들어진다. 일을 잘해서 성과가 좋다고 하더라도 인간관계가 좋지 않다면 직장에서의 생활은 행복하지 않을 것이다. 직장 동료들과 소통하지 못하는 사람이라면 아무리 일을 잘해도 결국에는 도태되기 때문이다.

인성이 좋아야 다른 사람들이 같이 일하고 싶어 한다. 일은 잘하는데 성격이 좋지 않는 사람과는 일을 하기를 꺼려 한다. 혼자 아무리 잘해도 같이할 파트너가 없다면 사회적으로 성공하기 어렵다. 다른 사람들과 어울려 원만하게 살아갈 수 있는 능력이 있어야 성공할 수 있다. 결국 인성이 좋아야 사회에 적응하며 살아갈 수 있는 것이다.

최근 일부 음식점이나 카페에서 5~7세 이하 영유아의 출입을 제한하는 '노키즈 존(No Kids Zone)'을 선언하는 업체가 늘고 있다고 한다. 노키즈 존이란 영유아와 어린이를 동반한 고객의 출입을 제한하는 것을 말한다. 아이들이 공공장소에서 마음대로 뛰어다녀서 다른 손님들에게 피해가 크고 영업에도 방해가 된다는 이유로 출입을 제한하는 것이다.

업체들이 '노키즈 존'을 선언하게 된 배경에는 여러 가지 이유가 있다. 일부 몰지각한 부모들이 식탁 위에서 똥기저귀를 갈고 그대로 두고 가는 경우가 많다고 한다. 카페에서 컵에 아이가 소변을 보게 한 사진이 인터넷에 떠돌고, 시끄럽게 소리 지르고 뛰어다녀도 아이를 통제하지 않는 엄마들이 많다. 이렇게 공공장소에서 몰지각한 행동을 하는 엄마들을 '맘충'이라고 부른다. 엄마를 뜻하는 맘(mom)에 혐오의 의미로 '벌레충(蟲)'을 붙인 신조어다.

노키즈 존이 어쩔 수 없이 발생하는 사회 현상이라면 지금 우리에게 필요한 것은 서로에 대한 배려다. 엄마들은 공공장소에서 다른 사람들에게 피해가 가지 않도록 행동하고 아이들에게도 가르치는 것이 필요하다. 아이들이 다른 사람을 배려하면서 행동하게 되면 자연스럽게 올바른 인성을 가진 아이로 자라나게 될 것이다.

아이를 키우면서 가장 신경 써야 할 것은 가정에서의 인성교육이다. 단순히 말로 알려 준다고 인성교육이 되는 것은 아니다. 백지상태와 같은 아이들은 부모의 행동을 보면서 자라게 된다. 폭력적인 부모 밑에서 자란 아이가 폭력적일 가능성이 크듯이 부모는 집 안에서부터 행동 하나하나를 조심해야 한다.

시대의 흐름에 따라 가정이 핵가족화 되면서 아이들의 가정교육에도 변화가 생겼다. 과거의 대가족 형태에서는 밥상머리에서 예절을 배우고, 부모에 대한 효를 어떻게 실천할 것인지 배우면서 자랐다. 많은 형제자매들과 관계를 맺으면서 서로 양보하고 배려하는 것도 저절로 알게 되었다.

그러나 현대 사회는 핵가족 형태로 생활방식이 변화되고 가족의 수가 적어져서 바쁜 생활 속에서 함께 보내는 시간이 부족하게 되었다. 또 맞벌이의 보편화로 인해 엄마의 부재가 빈번해져 가정교육의 기회가 감소되었다. 핵가족화로 부모의 권위가 약화되고 원만한 인간관계를 맺을 기회가 부족하게 되었다. 그래서 전통적으로 중요시되던 효도와 배려를 배울 기회가 줄어든 것이다.

인성교육이란 인간답게 살아가기 위한 기본을 가르치는 것이다. 사람이 동물과 구별되는 것은 다른 사람과의 관계에서 배려하고 이해하고 양보하면서 다른 사람과 원만하게 어울려 살기 때문이다. 아이가 스스로 자기를 조절하고 다른 사람들과의 관계를 조율할 수 있는 것이 인성이다.

자녀의 수가 줄어들고 가정에서 너무 오냐오냐 키워서 그런지 공주병, 왕자병에 빠진 아이들이 많다. 자기밖에 모르고 남을 이해하려고 하지도 않는다. 남을 배려할 줄 모르는 아이들은 또래 친구들과의 관계에서도 서툴다. 정도가 심해지면 왕따를 당할 수도 있다.

세상은 혼자 살아가는 것이 아니다. 개인이 아무리 잘났다고 해도 다른 사람들과 팀워크를 이루지 못한다면 그 사람은 인생에서 실패했다고 해도 과언이 아니다.

가능하면 모두 이익을 보는 상생의 원리를 가르쳐야 한다. 아이에게 무조건 다른 사람을 이기라고 가르치면 안 된다. 진정한 성공은 나도 잘되고 사회에도 도움이 되는 사람이 되는 것이다.

인성은 아이가 자라면서 자연적으로 생기는 것이 아니다. 학원에서 공부처럼 습득할 수 있는 것도 아니다. 가정에서 아이를 인성 좋은 사람으로 부모부터 훌륭한 인성을 갖춰야 한다. 인성교육의 시작은 가정이며 아이가 부모의 행동을 보고 배운다.

아이들은 늘 곁에 있는 부모가 생활 속에서 하는 행동을 보고 따라 한다. 부모가 남을 배려하고 부모님께 효도를 한다면 아이들도 이런 행동을 본받게 된다. 인성 좋은 아이는 미래의 인재 조건에 부합하는 사람으로 리더가 되는 지름길이다.

아이를 손님처럼
대하고 생각하라

"너는 커서 뭐가 되고 싶니?"

"저는 우리 엄마가 되라고 하는 거요."

KBS 예능 프로그램 〈1박2일〉에서 연예인들이 모교를 찾아가 후배들과 함께하는 장면을 본 적이 있다. 아이들에게 장래희망이 무엇이냐고 묻자 "엄마가 원하는 대로 되고 싶다."고 대답하는 아이들이 많았다. 정말 안타까웠다. 이 넓은 세상에서 아이들이 할 수 있는 일이 무궁무진하게 많은데 정작 그 많은 가능성을 가진 아이들이 꿈이 없다는 현실이 너무나 슬펐다.

아이들이 무엇을 좋아하고 무엇을 하고 싶은지보다 부모가 정해 준 인생을 살려고 하는 이유는 무엇일까?

"내가 살아보니까 공무원이나 교사처럼 안정적인 직업이 최고야."

"의사가 돈을 많이 번다니까 너는 의사가 돼야 해. 의사가 되려면 열심히 공부해!"

예나 지금이나 많은 부모들이 아이에게 이런 말을 한다. 아이가 잘하고 좋아하는 것에 관심을 두는 것이 아니라 안정적으로 월급을 받으면서 사회가 인정한 직업을 강요하는 것이다. 과거의 부모들이 주로 말로써 자녀에게 이런 부담감을 주었다면, 요즘 부모들은 아이들이 다른 생각을 할 수 없도록 철저하게 관리한다.

공부하는 시간을 조금이라도 더 확보하기 위해 걸어서 10분이면 되는 거리를 차로 데려다주고 데리고 온다. 몸에 좋고 두뇌에 좋은 식품이라면 가격이 비싸도 구매하는 것은 물론, 영양사가 되기를 자처하기도 한다. 또 학교와 학원을 다니는 아이에게 집에서도 공부를 하게끔 시간을 조절한다.

이 과정에서 부모는 아이들의 매니저가 된다. 이렇게 요즘 부모들은 할 일이 너무나 많다. 아이를 위한 24시간 대기조인 것이다. 그리고 아이들이 지치고 힘들어 할 때마다 이렇게 말한다.

"넌 엄마가 시키는 대로만 해."

"내가 누구 때문에 이러겠니? 다 너 잘되라고 이러는 거야."

나는 그들에게 묻고 싶다.

"아이가 무엇을 할 때 가장 행복해하는지 알고 있습니까? 아이가 어떤 음식을 가장 좋아하는지 알고 있으세요? 아이가 어떤 장난감을 가지고 놀 때 제일 많이 웃는지 알고 계시나요?"

내 아이가 최고가 되기를 바라는 마음은 어느 부모나 마찬가지다. 그런데 이 과정에서 자신이 이루지 못한 꿈을 아이를 통해서 이루려고 하는 사람들이 많다. 자신과 아이를 동일한 존재로 생각하는 것이다. 이런 부모에게는 자신의 아이가 앞으로 어떤 일을 하고 싶고, 어떤 목표를 가지고 있는지는 중요하지 않다. 그저 부모가 원하는 대로 공부하고 원하는 직업을 찾아서 살아 주기만을 바란다.

아이의 인생을 좌우하려는 부모들이 많다. 부모가 인생을 대신 살아 주지도 못하면서 아이에게 강요만 하는 것이다. 그러다 보면 자녀와의 사이는 점점 나빠지게 된다. 아이들은 아이들대로 높은 부모의 기대치에 맞추기 위해 노력하다 보니 스트레스를 받는 것이다.

아이의 성공은 더 이상 부모의 성공이 아니다. 많은 사람들이 늙으면 자식 자랑하는 재미로 산다고 한다. 그러나 부모와 자식은 동일한 존재가 아니라는 것을 기억해야 한다. 이 사실을 잊지 않기 위해서는 부모와 자식 사이에 적당한 거리를 유지하는 연습이 필요하다. 동시에 부모의 꿈과 자녀의 꿈을 분리해야 한다. 부모가 이루지 못한 꿈은 지금이라도 부모가 이루려고 노력해라. 지금도 늦지 않았다. 늦었다고 생각할 때가 가장 빠르다.

우리는 꿈을 이뤄낼 수 있는 충분한 가능성이 있다. 지금부터라도 아이에게 집중하는 대신 자신에게 시선을 돌려 보자. 그러면 아이들과의 관계가 개선되고 새로운 세상이 열릴 것이다.

첫째 소윤이에게 하나라는 친구가 있다. 유치원에서 매일 만나고 와서도 일주일에 한 번씩 하나의 집에 놀러 간다. 그런데 주말에 친구 집에 한 번 더 가고 싶다고 해서 소윤이를 혼자 보낸 적이 있다. 나중에 하나 엄마를 만나 자연스럽게 아이들 이야기를 나누게 되었는데, 하나 엄마가 자신이 발견한 소윤이의 장점을 말해 주었다.

"맨날 하나만 보다가 소윤이를 보니까 정말 의젓한 것 같아요."

이 말을 듣고 나는 미처 몰랐던 소윤이의 장점을 알게 되어 놀랐다. 내가 소윤이를 볼 때는 아직 어린아이 같아서 항상 걱정스러웠다. 맨날 소윤이를 보기 때문에 객관적으로 볼 수 없었다. 객관적인 입장에서 본 하나 엄마는 소윤이의 장점을 알아볼 수 있었던 것이다.

그 이야기를 듣고 나는 '만약 소윤이가 우리 집에 놀러온 손님이라면 나는 소윤이를 어떻게 대할까?'라는 생각에 잠겼다. 소윤이를 손님이라고 생각한다면 아이에 대한 기대와 걱정을 덜 수 있을 것이다. 이렇게 거리를 두고 아이를 바라보면 좀 더 소윤이를 객관적으로 볼 수 있고 아이의 장점을 발견할 수 있게 된다.

예를 들어, 아이가 방바닥에 물을 엎질렀을 때 "너는 맨날 문제만 일으키는구나! 엄마 힘들게."라고 아이의 인격에 상처 주는 말 대신 "물을 엎질렀구나. 깜짝 놀랐지? 다음부터는 조심해."라며 손님에게 이야기하듯 말할 수 있다. 이렇게 제3자의 입장에서 아이를 보면 아이의 행동에 초점을 맞추면서 말하게 되는 것이다.

부모는 평소에 아이가 조심하고 차분하게 행동하기를 원한다. 그래서 자신도 모르게 아이에게 상처 주는 말을 자주 하게 된다. 아이는 부모의 모든 말에서 자신에 대한 기대를 알 수 있다. 그러다 보니 혼이 나면 자신의 행동을 반성하기보다 '맨날 나만 미워해'라는 생각을 하고 상처를 받게 된다. 묘한 반항심 같은 것이 생기는 것이다. 그리고 주눅이 드는 아이들도 생겨난다.

부모는 객관적으로 내 아이를 보기가 힘들다. 자신의 아이에게는 당연히 주관적일 수밖에 없다. 내 아이를 나에게 온 손님이라고 생각을 바꿔 보면 아이에 대한 기대와 그로 인한 강요가 줄어들 것이다. 그러면서 아이를 또 한 명의 소중한 존재로 대할 수 있게 된다. 부모로서 우리의 역할은 아이를 도와주는 조력자다. 우리는 현명하게 내 아이를 최대한 객관적으로 바라보려고 노력해야 한다.

아이를 손님으로 대하기 시작하면 지나친 잔소리는 하지 않게 된다. 우리 집에 놀러온 아이의 친구에게 내 아이처럼 심하게 혼내고 잔소리를 하지 않기 때문이다.

"뛰지 마! 다친다고!"
"손은 깨끗이 씻어야지! 안 그러면 병에 걸린다고 몇 번을 말해!"

부모의 입장에서는 아이가 걱정되기 때문에 이런 잔소리를 계속하게 된다. 그렇게 아이를 믿지 못하고 과도하게 걱정을 하면 아이는 불안해 진다. 커서도 자기 생각대로 행동하지 못하고 사람들의 눈치를 보게 되는 것이다. 엄마가 결정해 주기를 기다리고 아빠의 확정적인 말을 들어야 안심하며 행동한다. 이렇게 자란 아이들은 모든 것이 어렵게만 느껴진다. 어른이 되어서도 사회생활이 힘들고, 자기 주도적인 삶을 살기가 어렵다. 삶을 대하는 태도가 수동적으로 굳어져 주어지는 대로 그때그때 살아가게 되기 때문이다.

부모란, 아이가 주도적으로 목표를 계획하고 전략적으로 꿈을 이루어 나갈 수 있도록 도와주는 사람일 뿐이다. 자녀의 인생을 주도적으로 이끄는 것이 아니라 순수하게 도와주는 조력자여야 한다는 것이다.

아이가 좀 늦어도 믿고 기다려 주는 사랑이면 충분하다. 아이를 손님처럼 대하고 생각하면서 지켜봐 주는 것, 아이에게서 한

발자국 떨어져 뒤를 따라가 주는 것이 아이와의 관계를 훨씬 좋아지게 만들어 줄 뿐 아니라 아이도 자신감을 가지고 생활할 수 있게 된다. 그것이 자신의 미래를 계획하고 실천하는 적극적인 아이를 키우는 방법이다.

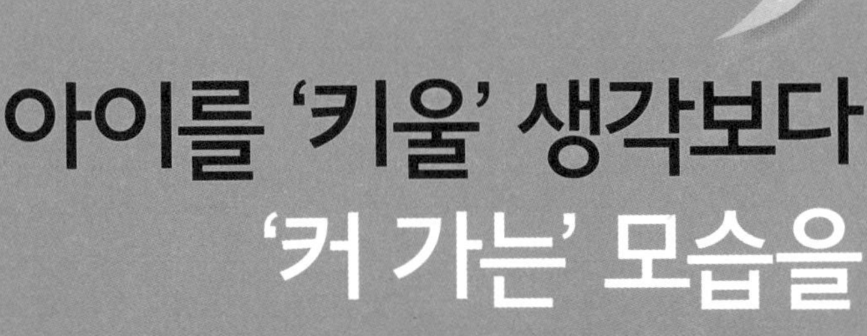

아이를 '키울' 생각보다 '커 가는' 모습을 바라보라

아이는 부모의
태도를 보고 자란다

마트에 가기 위해 수연이와 함께 길을 따라 걸어가고 있었다. 마트 앞에서 횡단보도를 건너려고 신호가 바뀌기를 기다리고 있는데 수연이가 갑자기 "엄마, 저 아줌마는 왜 가?" 하는 것이었다. 고개를 들고 앞을 보니 어떤 아줌마가 아이를 데리고 신호등이 빨간불인데도 횡단보도를 건너가고 있었다. 옆에서 장사하고 계시던 아저씨가 "애들이 뭘 보고 배우나?" 하셨다. 나는 아이에게 "아줌마가 바쁜가봐."라고 말해 주기는 했지만 아이가 마음속으로 뭐라고 생각할지 걱정되었다.

아이들이 어느 정도 크면 일상생활에 필요한 규칙을 알려 주게 된다. 먼저 길을 건널 때는 신호등이 녹색 불일 때 건너고, 빨간 불일 때는 건널 수 없다고 알려 준다. 또 어른을 보면 먼저 “안녕하세요?” 하고 인사하고, 동화책으로도 관련 이야기를 읽어 주면서 아이가 올바른 행동을 하도록 유도한다. 그러나 가끔 부모들이 규칙을 지키지 않는 것을 볼 때가 가끔 있다. 아이들과 함께 있을 땐 뭐라고 설명해 줘야할 지 고민하게 된다. 이런 부모들의 행동은 아이들에게 잘못된 인식을 심어 줄 수 있기 때문이다.

아이들은 부모가 말로 알려 주는 것 뿐만 아니라 행동 하나하나를 보고 배우게 된다. 부모가 올바르지 않은 행동을 한다면 아이는 자신이 가장 믿고 따르는 부모가 하는 행동을 의심하지 않고 바로 따라 하게 된다.

부모가 폭력적이면 아이도 폭력적으로 자라게 된다. 엄한 시어머니 밑에서 어렵게 생활한 며느리가 ‘나는 나중에 정말 좋은 시어머니 돼야지’라고 생각하면서도 정작 며느리를 얻게 되면 시어머니처럼 그대로 따라 한다는 말이 있다. 이처럼 어른도 보고 듣는 것에 많은 영향을 받게 되는데 하물며 어린 아이들은 얼마나 더 많은 영향을 받게 될까?

부모는 아이들과 같이 있을 때 항상 말과 행동에 신경을 써야 한다. 아이에게 부모의 말과 행동은 하루 종일 켜져 있는 TV 광고와 같기 때문이다. 하루 종일 수십 번 반복되는 광고처럼 아이에게 부모의 영향력은 크다. 아이들은 깨어 있는 시간 동안 미치는 부모의 모든 것에 자극을 받는다. 말과 표정에서 감정을 배우고 행동까지 따라 하게 된다. 영유아기나 성장기 때 부모로부터 받은 모든 경험은 무의식과 의식에 각각 각인되어 자신도 모르는 사이에 가치관 형성에 영향을 받는다.

나는 아이를 낳기 전에는 엘리베이터 안에서 다른 사람들에게 쑥스러워서 인사를 하지 못했다. 너무 어색했기 때문이다. 그러나 아이들과 같이 엘리베이터를 타게 되면서부터 이웃 사람들에게 인사를 하기 시작했다. 어른들에게 인사를 잘하는 아이로 키우고 싶었기 때문이다. 엄마인 내가 먼저 이웃 사람들에게 인사를 하니 아이들도 자연스럽게 인사를 하게 되었다.

처음에는 어색했지만 계속 인사를 하다 보니 요즘은 엘리베이터를 혼자 탈 때면 아이들의 안부를 묻는 사람들이 많아졌다. 또 아이들과 같이 타면 이웃 사람들이 먼저 인사를 하기도 한다. 지금은 인사가 자연스러운 일상생활이 되었다.

"어른들에게 인사 잘해야지."

대부분의 부모가 아이에게 인사를 잘하라고 말한다. 그러나 아이들은 말을 잘 듣지 않는 경우가 많다. 왜 인사를 잘하지 않느냐고 아이를 혼내는 걸 보는데, 그런 부모들의 행동을 살펴 보면 부모가 이웃 사람들에게 인사를 하지 않는 것을 볼 수 있다.

부모가 먼저 인사하지 않으면서 인사를 잘하는 아이가 되기를 바라는 것은 욕심이다. 아이가 올바른 행동을 하길 원한다면 먼저 부모가 말과 행동으로 모범을 보여야 한다.

"엄마, 전화 왔어. 이모야."

"지금 전화 받기 싫은데. 없다고 해."

가끔 아이에게 거짓말을 시키는 경우가 있다. 아이에게 거짓말이 나쁘다고 가르치면서 정작 부모는 거짓말을 시킨다. 또 놀이공원이나 식당에 가서 유아 할인을 받으려고 아이의 나이를 속이는 경우도 많다. 무심코 하는 부모의 행동을 아이들은 지켜보고 나중에 그대로 따라 하게 된다. 그만큼 부모의 행동 하나하나가 아이에게 큰 영향을 미치는 것이다.

아이는 부모가 그렇게 행동했으니 나도 그래도 된다고 자연스럽게 인식한다. 아이에게 말과 행동으로 모범을 보여야 하는 이유다.

"엄마, 프리파라 퍼즐 사 줘."

"안 돼. 엄마 돈 없어."

마트에 가면 아이들은 이것저것 사 달라고 조른다. 그럴 때 아이가 "엄마 돈 없어." 하면서 다른 물건을 살 때 카드로 결제한다. 그 모습을 본 아이는 혼란스러울 것이다. 내가 사 달라고 하는 물건은 돈이 없다고 하면서 다른 물건은 카드로 사니까 아이는 '엄마는 하고 싶은 대로 하고 나는 못하게 한다'고 생각하여 불만이 생기게 된다.

아이가 물건을 사 달라고 조를 때 "돈 없어."라는 말을 하지 말자. 먼저 오늘은 다른 물건을 사러 왔으니 사러 온 물건만 산다고 말해 줘야 한다. 그리고 오늘은 아이에게 약속한 날이 아니니까 사 주지 않는다는 것을 이해시켜야 한다.

"향수 가게에 들어가서 향수를 사지 않더라도 가게를 나왔을 때는 향수 냄새가 난다. 가죽 가게에 들어가서 가죽을 사지 않더라도 가죽 냄새가 몸에 밴다."

《탈무드》에 나오는 말이다. 유대인은 환경의 중요성을 강조한다. 아이들에게는 무엇보다도 올바른 성장환경이 필요하다. 그것을 충족시키기 위해서는 부모들이 항상 올바른 태도를 보여야 한다.

아이는 부모와 가장 많은 시간을 보낸다. 부모의 태도를 그대로 보고 자라기 때문에 내 아이가 올바르게 자라기를 바란다면 부모가 먼저 올바른 행동과 말을 해야 한다. 그러면 아이는 어느새 미래사회에 적응력 강한 아이로 자랄 것이다.

엄마가 변해야
아이가 변한다

이성이 인간을 만들어 낸다고 하면, 감정은 인간을 이끌어 간다.
- 루소 -

"엄마, 신데렐라 원피스 입고 갈래."
"안 돼. 지금 늦었으니까 빨리 엄마가 준비해 놓은 옷 입자."

소윤이는 아침에 유치원에 갈 시간이 다 되었는데 밥은 씹지도 않고 꾸물거린다. 내가 준비해 놓은 옷은 입을 생각도 하지 않고 계절에 맞지 않는 겨울옷을 입고 가겠다고 고집을 부린다. 그 순간 갑자기 화가 치밀어 오른다. 이럴 때는 화를 참지 못하고 아침부터 아이를 큰소리로 야단치기 일쑤다. 내가 화를 내면 아이들은 슬슬 눈치를 본다. '내가 뭘 잘못했지?'라는 표정이다. 아이는 자신이 기분 나쁜 것만 기억하고 속상해하기 때문에 자기가 왜 혼났는지는 생각하지 않는다. 그저 엄마가 화내고 소리친 것에 대해 기분이 나쁘고 엄마가 밉다는 생각만 할 뿐이다. 계속 잘해 주다가 한 번 화낸 것으로 아이들에게 나는 그 순간부터 나쁜 엄마가 된다.

소윤이는 결혼 4년 만에 낳은 첫아이다. 정말 소중한 아이여서 잘 키우려고 생각했는데 실제로는 잘 안 된다. 아침부터 아이들에게 소리치고 혼내면 하루 종일 기분이 좋지 않다. 회사 일도 손에 잡히지 않고 마음이 착잡하다.

'아이들에게 언제까지 이렇게 해야 하나?' 날마다 내 감정을 통제하지 못하고 화를 내게 된다. 결국에는 화내는 것이 습관이 되어 버린 것 같아서 답답하다. 아이들이 엄마를 떠올릴 때 '엄마는 언제나 화를 내는 사람'으로 기억될 것 같아서 늘 걱정이 된다.

아이를 키우다 보면 많은 일들이 일어난다. 엄마의 입장에서 보면 아이는 끊임없이 문제를 일으키는 트러블 메이커다. 물감으로 그림을 그리다가 거실 바닥에 온통 물감을 칠해 놓기도 하고, 화분 갈이를 한다면서 흙과 돌을 방바닥에 뿌려 놓는 경우도 있다. 또 매니큐어 놀이를 하면서 집 안 물건을 온통 매니큐어로 범벅을 해 놓기도 한다.

아이를 한 번 움직이게 하려면 열 번은 말해야 움직이는 경우가 허다하다. 그럴 때마다 화를 내게 되면 아이는 엄마를 화내는 사람으로 생각할 것이다. 아이는 엄마가 화를 내면 혼란에 빠지고 이 위기를 어떻게든 피하려고 한다. 엄마가 계속 화를 낸다면 아이는 무서워하면서 울음을 터뜨린다. 수연이도 내가 조금만 큰 소리로 "안 돼." 하면 "엄마, 무서워."하면서 금방 울음을 터뜨리고 만다. 이렇게 어리고 약한 아이에게 엄마가 일방적으로 화를 낸다면 아이는 제대로 성장하지 못할 것이다.

아이를 키우면서 화가 날 때는 잠깐 숨을 가다듬고 아이의 입장에서 한 번 생각해 보자. 엄마가 화가 나는 것은 아이의 속마음을 모르기 때문이다. 아이가 화나는 일을 했다면 아이의 의도를 잘 파악해야 한다. 그래야 아이의 잘못된 행동을 고칠 수 있다.

소윤이는 단지 신데렐라 옷이 예뻐서 입고 싶었을 뿐이다. 물론 엄마인 내 입장에서는 한여름에 겨울옷을 입고 간다고 하니 갑자기 무슨 뚱딴지같은 소리인가 싶어서 화가 난다. 가뜩이나 바쁜 아침에 신경이 날카로워졌기 때문이다. 그때는 마음을 가라앉히고 아이에게 이유를 잘 설명해 주어야 한다. 그래야 아이는 마음의 상처를 받지 않고 상황을 이해하고 넘어간다.

아무런 이유도 설명해 주지 않고 그냥 무턱대고 화만 낸다면 아이는 혼란스러워진다. 조금만 마음에 안 들어도 아이의 입에서 "엄마는 나만 미워해."라는 말이 바로 나오는 이유다. 또 아이는 "엄마는 맨날 내가 하고 싶은 것을 못하게 해서 싫어." 하면서 화를 낸다. '엄마는 맨날 화내고 잔소리만 한다'고 생각하기 때문이다. 그러면서 결국 아이도 화를 잘 내는 아이로 자라게 된다.

요즘 아이들은 사소한 일에도 화를 잘 낸다. 자기 마음대로 되지 않으면 무조건 화부터 내면서 운다. 특히 집에서 동생이랑 놀 때나 유치원에서 친구들과 놀 때 아이들은 자주 화를 내고 울음을 터뜨린다. 아이는 그동안의 경험으로 자기가 원하는 것이 잘 안 될 때는 화를 내고 울음을 터뜨리는 것이 가장 해결 방법이라고 생각하기 때문이다.

자주 화를 내는 아이들이 늘어나는 것은 집 안에서 화내는 엄마의 영향이 크다. 매일 화내는 엄마를 보면서 아이도 '화를 내야 문제가 해결되는구나'라는 생각을 한다. 이렇게 자란 아이는 가슴에 화를 쌓아 두기 때문에 감정을 조절하는 능력이 떨어져서 사회생활에 어려움을 겪는다. 자신감도 없어지고 어떤 행동을 할 때 다른 사람의 눈을 먼저 의식하게 되기 때문이다.

사람들과의 관계에서 자신의 감정을 잘 통제하고 조절할 수 있는 사람이 상대방의 감정을 더 잘 이해할 수 있다. 화를 잘 낸다는 것은 자신의 감정을 조절하는 능력이 떨어지기 때문이다. 엄마가 자신의 감정을 잘 조절하기 위해서는 자신의 감정을 솔직하게 털어 놓는 것이 필요하다. 이런 과정을 통해서 자신의 마음 상태를 돌아볼 수 있기 생기기 때문이다. 무조건 화를 억누르기보다는 엄마가 느끼는 감정을 아이들에게 솔직하게 이야기해 보자.

"엄마는 소윤이가 말을 듣지 않아서 화났어."

"엄마가 지금 너무 화가 나서 수연이랑 말하고 싶지 않아."

엄마가 느끼는 감정을 숨기지 말고 있는 그대로 표현해 보자. 감정을 제대로 조절하지 못하는 엄마 밑에서 자란 아이들은 자신의 감정을 다스리는 능력이 떨어지게 된다. 그러므로 엄마는 자신의 감정을 솔직하게 인정하고 그 상태를 표현해야 한다. 그래야 아이들은 감정 조절 능력을 적절히 키울 수 있다.

도로에서 차를 운전하다가 상대방이 자기 차를 추월해서 화가 났다는 이유로 보복 운전을 하는 경우가 많이 발생한다. 심지어 흉기까지 꺼내 들고 위협하는 일도 있다. 자신의 감정을 잘 조절하지 못해서 다른 사람에게까지 피해를 주는 것이다. 게다가 자신의 감정 조절이 안 되어 화를 내면 다시 자신에게 되돌아오게 되어 있다.

화를 냄으로써 상대방뿐만 아니라 자기 자신도 피해를 입는 것이다. 자신의 감정을 빨리 알아차리고 행동을 통제할 수 있다면 2차 3차 피해는 막을 수 있다. 아이들이 자신의 감정을 잘 알아차릴 수 있도록 엄마가 생활 속에서 느낀 감정을 그대로 표현해 보자.

일상생활에서 엄마가 아이에게 화를 내는 것은 정말 쉽다. 아이는 엄마보다 상대적으로 작고 약하기 때문이다. 그러나 엄마는 아이에게 한 번 화를 내고 나면 힘들고 괴로워진다. 머릿속으로는 화를 내지 않아야 한다는 것을 알고 있지만 막상 실천하기는 어렵다. 머리와 마음이 따로 놀고 있기 때문이다.

엄마라면 자신의 감정을 잘 조절할 줄 알아야 한다. 그래야 아이와의 관계도 원활하게 이루어질 수 있다. 엄마가 화를 내면 엄마도 아이도 행복해질 수 없다. 만약 아이가 문제행동을 한다면 아이의 입장에서 한 번 생각해 보는 시간을 가져 보라. 그럼 모든 것이 달라질 수 있을 것이다. 아이를 잘 키우기 위해 엄마가 노력한다면 변화가 생길 것이다. 화를 내지 않고도 얼마든지 아이를 성공적으로 키울 수 있다.

마지막으로 이탈리아의 화가 레오나르도 다 빈치의 말을 되새겨 보자.

"어머니의 마음이 어머니 자신은 물론 태아의 몸까지 지배한다. 그러므로 어머니의 의지, 희망, 공포, 정신적인 고통이 태아에게 미치는 영향력은 매우 크다. 따라서 자녀교육은 아이의 어머니가 달라지는 것부터 시작해야 한다."

세상에서
가장 좋은 선생님은 엄마다

교육은 어머니의 무릎에서 시작되고, 유년기에 들은 모든 언어가 성격을 형성한다.
- 바로 -

요즘 엄마들은 한글을 가르치는 것도 학습지 선생님에게 맡긴다. 마치 모든 교육을 학습지 교사에게 위임하고 있는 것 같다. 가격도 저렴하고 선생님이 직접 집으로 찾아와서 가르쳐 주니 손쉽게 선택하는 것이다. 유치원에 다니는 아이들이라면 방문 학습지는 하나 정도는 기본으로 하고 있다.

가끔 아는 엄마들을 만나면 "어느 학습지 해요?", "학원 어디가 좋아요?" 등의 대화를 나누게 된다. 그러면서 어떤 영어 선생님이 좋은데 5명으로 팀을 꾸려야 한다며 같이 하자고 나에게 제안한 적이 있다. 나는 그 자리에서 아직 계획이 없다고 하면서 거절했다. 그러자 엄마들은 나를 아이의 교육에 관심 없는 엄마로 여기면서 아이의 장래를 걱정하는 듯한 안타까운 표정을 지었다.

"그럼 안 돼요. 분명 뒤쳐질텐데… 내년에 입학하면 어떻게 하려고 그래요?"

그들은 걱정스러운 어투로 조언까지 하지만 나는 크게 걱정하지 않고 있다.

오히려 아이를 어렸을 때부터 무리하게 공부를 시키면 무기력증에 빠질 수 있다. 뭐든지 하기 싫어하고 재미를 느끼지 못해서 의욕이 없어지는 것이다. 이렇게 자란 아이는 정작 공부해야 할 시기에 공부하지 않고 아침부터 책상에 엎드려 있게 된다.

한글을 가르치려고 학습지를 2년 동안이나 한 수빈이라는 아이가 있다. 수빈이 엄마는 첫째인 수빈이에게 교육에 대한 열정을 쏟아부었다. 그중 첫 번째 도전이 한글 떼기였다. 그래서 수빈이에게 엄마는 어렸을 때부터 한글을 알려 주려고 방문 학습지 선생님을 붙여 줬다. 그러나 아이는 쉽게 한글을 익히지 못했다. 수빈이 엄마는 남들이 다 한다고 하니까 내 아이만 뒤처지는 것처럼 느껴졌다. 그래서 어린 아이에게 한글을 무리하게 가르쳤다. 아이가 한글을 떼기까지는 오랜 시간이 걸렸다. 한글 공부만 하자고 하면 울고 자지러졌기 때문이다. 결국 수빈에게 공부는 하기 싫은 것이라는 고정관념이 생기게 된 것이다.

나는 아직까지 아이들에게 공부하라고 강요하지 않는다. 학습지를 하거나 학원에 보내지도 않는다. 초등학교에 입학하기 전까지라도 최대한 놀아야 한다고 생각하기 때문이다.

처음에는 교육에 대한 특별한 원칙이 있었던 것은 아니다. 내가 방문 학습지를 하지 않았던 결정적인 이유는 학습지 교사의 방문 시간에 맞추는 것이 힘들어서였다. 시간에 쫓기듯이 퇴근한 후 집 안을 정리하고 준비할 생각을 하니 아이에게 학습지를 시키고 싶지 않았다. 학습지 교사가 집에 와서 고작 15분을 가르치는데 나는 그보다 더 많은 시간을 준비하는 데 빼앗기는 것이나 마찬가지였다.

실제로 아이는 엄마하고 가장 많은 시간을 보낸다. 엄마가 전업주부이든 워킹맘이든 아이와 보내는 시간은 방문 학습지 교사보다 훨씬 더 많다. 방문 학습지는 일주일에 한두 번 방문하여 15분을 가르쳐 주지만, 엄마는 매일 15분의 시간을 낼 수 있다. 그리고 방문 학습지 교사가 와서 15분간 가르쳐 줬다고 그냥 끝나는 것이 아니다. 학습지는 수업 후에 엄마와 같이 복습하지 않으면 효과가 없다. 또 숙제가 있어서 아이들이 하기 싫어하면 결국 엄마 몫이 된다. 아이들의 대부분이 엄마가 알려 주고 빨리 하라고 재촉해야 겨우 숙제를 하거나 그것도 싫다고 거부를 한다.

물론 학습지에 대한 생각이 나와 다를 수도 있다. 실제로 학습지로 효과를 본 아이들도 많다. 그러나 아이의 한글 교육을 학습지 교사에게 전적으로 맡기는 것은 좋지 않다. 나는 아이의 첫 한글 공부는 반드시 엄마가 해 줘야 한다고 생각한다. 다른 사람의 시간에 구애받지 않고 오직 아이와 둘이서 학습을 시작할 수 있는 것이 엄마와 하는 공부의 가장 큰 장점이다. 학습지 교사의 시간에 맞춰 준비하지 않아도 되니 마음이 편하고 여유로워진다.

19세기 독일의 유명한 천재학자였던 칼 비테는 그의 저서 《칼 비테의 자녀교육 불변의 법칙》에서 이렇게 말했다.

"어머니 중에서 교육가를 고용해 자녀교육을 맡기기도 하는데 이는 매우 위험한 행동이다. 어머니로서 자격이 부족한 짓이다. 자녀교육에 있어 어머니의 자리를 대신할 수 있는 사람은 어디에도 존재하지 않는다. 지구 상에 자녀교육을 타인에게 맡기는 동물이 있는가? 아마도 사람이 유일할 것이다."

칼 비테는 자녀를 다른 사람에게 위임하여 교육시키는 것에 대해 경고한다. 대부분의 엄마들은 아이를 가르치는 것은 전문가가 해야 한다는 고정관념을 가지고 있다. 그러나 유아기에 아이들에게 가르쳐 줄 것은 간단한 내용이다. 그저 놀이를 하는 것처럼 재미로 얼마든지 가르칠 수 있다. 그럼에도 불구하고 문맹률이 1%미만이라는 대한민국에서 엄마가 한글을 가르치지 않고 전문가에게 맡겨야 한다고 생각하는 것이다.

엄마는 아이에게 한글을 가르칠 수 있는 최고의 선생님이다. 이런데도 엄마들이 쉽게 아이들을 가르치려고 나서지 않는 것은 막상 시작하려니 막막하고 어렵게 느껴지기 때문일 것이다. 그러나 엄마는 한글도 알고 숫자도 알고 간단한 영어도 알고 있다. 더구나 요즘 엄마들 대부분이 대졸인 경우가 많다. 이미 전문가라는 뜻이다. 그렇기 때문에 아이에게 가르쳐 주는 일을 만만하게 여겨도 된다. 엄마는 다 할 수 있다는 생각으로 아이에게 하나하나 직접 가르쳐 주도록 하자.

나는 학습지를 하지 않고 아이에게 어떻게 하면 한글을 쉽게 가르쳐 줄 수 있을까 고민하게 되었다. 그러다 아이가 좋아하는 것으로부터 시작해야 겠다고 생각했다. 아이가 지루해하고 싫증 나면 안 되니까 무조건 재미가 있어야 한다고 생각했다.

소윤이가 좋아하는 것은 스티커였다. 스티커 책 중에서 공주 스티커 책을 가장 좋아했다. 공주 스티커 책으로 시작하여 스티커 책 10권을 가지고 놀았다. 스티커를 떼고 붙이면서 한글을 익히게 되었다. 공주 동화책도 사서 아이에게 읽어 줬다. 아침저녁으로 공주가 나오는 동화책을 읽어 주다 보니 아이가 자연스럽게 책을 좋아하게 되었다.

워킹맘인 나에게는 책 읽어 주는 것이 가장 쉬운 일이었다. 한글을 가르친다는 생각보다는 책을 읽어 주면서 아이에게 재미를 느끼게 해 주려고 노력했다. 책을 읽으면 재미있다는 것을 알게 해 주는 것만으로도 큰 성과였던 것 같다.

아이에게 책을 읽어 주면서 쓰기를 강요하지 않았다. 글씨를 틀리게 썼더라도 고쳐 주지 않아야 한다. 처음에 나는 소윤이가 쓴 글씨가 틀렸다고 지적했더니 아이가 "그래, 난 잘 몰라." 하면서 더 이상 글씨를 쓰려고 하지 않았다. 엄마가 잘못 썼다고 지적해서 아이의 자존감이 낮아졌던 것이다.

아이와 함께 책을 같이 읽으면서 한글을 하나하나 알아 가는 시간을 가져 보자. 책의 힘은 대단하다. 반복적으로 하다 보면 어느 순간 아이가 혼자 책을 읽게 된다.

작가 최연숙은 《10살 전 꿀맛 교육》에서 이렇게 강조한다.

"출근하기 전 아이들에게 학습 과제를 내 주고 밤마다 확인해 스티커를 붙여 주었다. 이렇게 해서 한 달이 되면 상장을 주는데 손으로 대강 쓴 것이었는데도 아이는 상 받는 것을 좋아했다. 바쁜 워킹맘이라도 이렇게 시스템을 만들어 놓으면 저절로 된다."

최연숙 작가는 사교육 없이 두 아이를 명문대에 입학시킨 것으로 유명하다. 저자는 워킹맘이라도 내 아이에게 맞는 시스템을 만들면 사교육을 시키지 않고도 명문대에 보낼 수 있다고 증명해 보였다.

우리도 지금 당장 우리 아이만의 시스템을 만들어서 활용해 보자. 엄마인 내가 내 아이를 가장 잘 알기 때문에 오직 내 아이에게만 맞는 시스템이 되는 것이다. 대부분의 아이들은 집중 시간이 매우 짧다. 그래서 아이가 집중할 수 있도록 재미있게 해야 한다. 아이들이 공부를 잘하려면 재미와 동기를 유발할 수 있는 보상이 있어야 한다. 위의 글처럼 우리도 상장과 스티커를 이용하여 아이와 한글 공부를 시작해 보자.

아이들은 태어나서 엄마와 가장 많은 시간을 보내게 된다. 엄마가 아이와 가장 가까운 곳에 있다. 아이는 엄마와 함께 생활하면서 사랑을 배우고 느끼고 행복해한다. 아이는 엄마를 통해서 많은 것을 배운다. 세상에서 가장 좋은 선생님은 엄마다. 아이가 공부에 흥미를 느낄 수 있도록 공부의 첫 시작 단추를 엄마가 채워 주자.

엄마가 행복해야
아이도 행복하다

안락한 가정은 행복의 근원이다. 그것은 바로 건강과 착한 양심 다음의 자리를 차지한다.
- S 스미스 -

우리나라에서는 육아와 집안일을 전적으로 여자가 맡아서 하는 경우가 많다. 육아와 가사로 엄마들의 생활은 항상 바쁘고 분주하다. 거기다가 직장까지 다니는 엄마라면 더욱 몸과 마음이 힘들다. 바쁘고 고된 일상 때문에 대부분의 엄마들은 아이 키우는 것을 즐기지 못하게 된다. 육아를 어쩔 수 없이 해야 하는 것이라고 생각하기 때문에 짐으로 다가 오는 것이다. 그래서 한국의 엄마들은 행복하지 못하다.

나는 아이를 낳아 키우면서 외모에 대한 자신감도 떨어지고 자존감도 낮아졌다. 출산으로 인해 변화된 몸매로 더 자신감이 없어졌다. 다른 엄마들에 비해 내 자신이 초라하게 느껴져 주눅이

들 때가 많았다.

바쁘게 살아가다 보니 외모에 신경 쓸 여유가 없었다. 아침마다 머리도 말리지 못하고 집을 나서는 경우가 대부분이었다. 아이를 키우면서 편한 복장과 신발을 착용하다 보니 치마에 구두를 신는 것이 꺼려졌다. 치마를 입으면 행동에 제약이 많았기 때문이다. 아이를 낳기 전에는 나름대로 외모에 신경 쓰고 다녔는데 이제는 이 모든 것이 다 먼 나라의 이야기처럼 느껴졌다.

퇴근 후 집에 오면 할 일 투성이다. 오자마자 쌓여 있는 설거지에 집 안 청소를 할 생각에 우울해진다. 잠시 멍하니 넋 놓고 있다가 커피 한 잔에 힘을 얻어서 청소와 설거지를 시작한다. 그러다가 아이가 조그만 잘못이라도 하면 아이들에게 화풀이를 하게 된다. 그런 일이 반복될 때마다 나 자신에게도 실망했다.

'나는 왜 엄마 역할이 힘들게만 느껴질까?', '나에게 모성이 부족한 것일까? 아니면 나는 정말 나쁜 엄마일까?' 이런 질문들을 하면서 '나는 좋은 엄마가 되고 싶고, 아이를 잘 키우고 싶다'는 생각에 아이들에게 무조건 희생하고 헌신하는 것이 전부라고 생각했다. 그러나 또 다른 한편으로는 '내가 이렇게 너희들을 위해서 희생하고 헌신하는데 뭐가 그리 맘에 안 든다고 징징거리냐'라는 생각이 들면 화가 나면서 갑자기 우울해지기도 했다.

아이를 키우면서 엄마는 아파서도 안 되고 아파도 마음 편히 쉴 수 없는 그런 존재였다. 어떤 날은 모든 게 다 귀찮아져서 혼자 어디로 떠나고 싶은 마음도 간절했다. 나 혼자만의 시간과 공간을 그리워하게 된 것이다. 엄마라는 존재에게 온전한 자기의 시간이란 없었다.

미용실에 갈 때도 아이들을 맡길 곳이 없어서 데리고 다녔다. 파마를 한번 하려고 해도 아이들과 같이 가야 하니 1년에 한두 번도 많이 하는 것이었고, 결국 함께 파마를 하곤 했다.

그러던 중, 작년에 아이 아빠가 몸이 아파서 6개월간 휴직을 한 적이 있었다. 남편의 상태는 움직일 수 없을 정도는 아니고 일상생활이나 운동을 할 수 있는 정도였다. 그럼에도 나는 여전히 아이들을 유치원과 어린이집에서 데려오고 있었다. 내가 데려오지 않아도 되는데 무의식적으로 퇴근하자마자 아이들을 하원 시켰다. 이렇게 몇 달이 지나서야 해 줄 사람이 있다는 걸 깨닫게 되었다. 아이들의 하원을 아이 아빠에게 전적으로 위임하고 나는 그 시간을 이용해서 운동을 하기로 했다.

여자들은 출산을 하면서 육체적·정신적 변화를 겪게 된다. 아이가 생겼다는 기쁨도 잠시, 육아는 곧 현실이 된다. 아이는 조금만 불편해도 울고 잠을 자다가도 몇 번씩 깨서 보챈다. 하루에도 수십 번을 안아 주고 다독이다가 하루가 다 간다.

육아란 어떻게 하면 아이가 잘 지낼 수 있을까를 연구하면서 보내는 시간들의 연속인 것 같다. 이렇게 생활하다 보면 엄마는 정작 밥을 한 끼도 제대로 먹는 날이 없다. 잠도 제대로 자 본 적이 언제인지 가물가물하다. 오죽하면 엄마들의 소원이 잠을 실컷 자는 것이라고 할 정도다. 이렇게 생활하다 보니 정작 엄마들은 자신의 상태를 돌보지 못한 경우가 많다. 아이를 돌보고 집안일을 처리하느라 시간이 없기 때문이다.

아이보다 먼저 엄마 자신을 점검하고 돌아봐야 한다. 엄마에게 아이가 중요한 것처럼 엄마도 소중한 존재다. 힘든 상황 속에서도 엄마는 자기 자신을 먼저 챙겨야 한다.

아이와 같이 살아가면서 엄마가 행복한 감정을 느끼는 것은 아주 중요하다. 행복은 아이에게 전염되기 때문이다. 엄마가 행복하다고 느끼면 아이에게도 행복한 감정이 전해져서 아이도 행복해진다.

행복한 엄마는 모든 일에 여유를 가지고 일상 속 작은 일에도 감사하며 많이 웃을 수 있다. 이렇게 긍정적으로 많이 웃는 엄마를 둔 아이는 행복하다. 아이가 실수를 해도 야단치지 않고 대화로 풀어 나가는 엄마가 있기 때문에 아이는 용기를 잃지 않고 실수를 과정이라고 생각하면서 여유를 가질 수 있다.

행복한 엄마가 되는 방법은 무엇일까? 행복한 엄마가 되기 위해서는 먼저 여자로서 자존감을 되찾아야 한다. 동시에 엄마 역할을 잘 할 수 있다는 자신감을 가져야 한다. 여자로서의 자존감과 엄마로서의 자신감을 갖게 되면 아이를 대하는 행동에 많은 변화가 생기게 된다. 이런 변화들은 아이에게 긍정적은 영향을 가져다준다. 엄마 혼자 육아와 살림을 다 하려고 애쓰지 마라. 누구라도 옆에 있다면 기꺼이 도움을 요청해야 한다. 혼자 하려다가 초반에 힘을 다 써서 후반에 포기할지도 모르기 때문이다. 육아는 적당히 페이스를 조절해야 하는 마라톤과 같다.

가장 가까이 있는 남편을 적극적으로 육아에 참여시키도록 하자. 아빠가 아이에게 해 주는 역할은 무척 중요하다. 아빠가 아이와 함께 목욕하고 잠자기 전에 동화책을 읽어 주는 일상생활에서 아이와의 유대감이 돈독해진다. 교감을 통해 정서적으로 교류를 하게 되면 아이와 소통이 원활해지고, 아이가 자신감을 갖게 된다.

아빠와 노는 시간을 통해 엄마의 시간이 확보된다면, 단 한 시간이라도 나만을 위해서 쓰고 에너지를 충전할 시간을 가져 보자. 그러면 우울한 감정이 사라지고 더 육아에 전념할 수 있는 힘이 생길 것이다. 아이를 아빠에게 맡기고 미용실에도 가고 운동도 해 보자. 이렇게 가끔은 나 자신을 위해 사치도 좀 부려 보자.

아이를 키우는 엄마가 행복해 지기 위한 방법으로 아래의 사항을 실행해 보자.

첫째, 시간관리를 하자. 날마다 시간을 어떻게 보내고 있는지 확인하고 나만을 위해 사용할 수 있는 시간을 확보해라.

둘째, 건강관리를 하자. 꾸준히 운동하여 외모에 대한 자신감을 찾고 육체적으로 건강을 챙기는 것이 중요하다. 컨디션이 좋지 않으면 아이들에게 좋지 않은 영향이 줄 수 있기 때문이다.

셋째, 감사하는 마음을 갖자. 모든 일에 긍정적으로 생각을 하면서 감사하는 삶을 살자. 의식적으로 "감사합니다."라는 말을 자주해 보고 매일 감사일기를 쓰면 일상이 행복해질 것이다.

넷째, 자기 자신을 믿고 신뢰하자. 자기 자신에 대한 무한한 신뢰를 가지면서 "나는 무엇이든지 할 수 있어!"라는 믿음을 가지고 생활하다 보면 자존감이 높아질 것이다.

매일 하나씩 실천하다 보면 나도 정말 괜찮은 사람이라는 자신감이 생기면서 행복한 엄마라고 느낄 수 있을 것이다.

엄마가 행복해야 아이도 행복하다! 엄마의 행복을 위한 노력이 아이의 행복을 위한 것임을 잊지 말자.

부모가
롤모델이 되어야 한다

많은 부모들이 평소에 스마트폰이나 TV를 보면서 아이들에게는 공부하라고 말한다. 아이는 '왜 나만 공부해야 해? 나도 게임하고 싶고, TV도 보고 싶은데'라는 생각이 든다. 부모님이 보고 있는 TV 프로그램의 내용이 궁금해서 공부가 제대로 될 리 없다. 부모가 공부하라고 할 때마다 아이들은 매일 듣는 말에 '또 잔소리하네, 정말 듣기 싫어'라는 생각을 할 것이다. 그러면서 아이는 부모에게 반항심을 가지게 된다. 아이가 좀 더 크면 부모에게 자신이 부당하게 느낀 것을 조목조목 따지게 될 것이다.

아이에게 공부하라는 말을 하지 말고 부모가 공부하는 모습을 보여 줘야 한다. 부모가 소파에 누워 TV를 보면서 아이에게는 방에 들어가서 공부하라고 하는 것은 아이의 반항심만 일으킬 뿐이다. 부모부터 TV를 끄고 공부하는 모습을 자주 보여 준다면 아이 역시 공부에 흥미를 가지게 된다. 부모가 책 읽는 모습을 보여 주면 아이들은 '우리 부모님은 항상 책을 읽고 공부하시네'라고 생각하게 된다. 그러다가 어느 순간 아이도 공부하기 시작한다. 아이가 공부하기를 바란다면 부모가 먼저 공부하는 모습을 보여 주면 되는 것이다.

세상을 살아가는 데 있어서 롤모델이 있느냐 없느냐에 따라 우리의 인생은 현저하게 차이가 나게 된다. 성공적인 인생을 사는 사람들을 보면 대부분 롤모델이 있다. 롤모델은 인생의 지도와 같은 역할을 하기 때문에 매우 중요하다. 롤모델을 통해 자신이 목표했던 것을 더 빠르게 시행착오 없이 이룰 수 있게 되기 때문이다. 그렇다면 부모가 내 아이의 롤모델이 되려면 어떻게 해야 할까?

심리학 용어로 '모델링 학습법'이라는 것이 있다. 모델링 학습법이란 다른 사람을 롤모델로 정해서 그 사람과 닮은 행동을 하는 것이다. 아이에게 가장 가까운 사람은 부모다. 그렇기 때문에 부모는 살아가면서 아이에게 제일 많이 영향을 주게 된다. 부모의 성격이나 가치관, 가정환경 등은 아이들이 그대로 흡수하여 가치관이나 성격 형성의 기초가 된다. 그래서 부모가 아이에게 도움이 되는 올바른 방향으로 행동한다면 아이도 그것을 보고 배우게 된다. 평소에 책을 가까이하고 자기계발을 열심히 하는 부모의 모습을 보며 아이도 자연스럽게 공부할 것이다.

여자의 삶은 출산 이후로 많은 것이 변한다. 나 역시 마찬가지였다. 삶의 중심이 나에서 아이로 바뀌면서, 나보다는 아이를 더 돌봐야 하고 나의 많은 것을 포기하고 희생해야 했다. 직장을 다니면서 아이를 키우는 워킹맘으로서 항상 바쁜 일상이지만 진짜 내 인생에서는 뭔가 빠진 듯한 느낌이었다. 삶이 무의미해지고 허전함과 공허함이 몰려와 매사에 자신감이 없어졌다. '과연 내가 잘 살고 있나?'라는 생각을 자주 하게 되었다. 그 결과 그동안 꿈을 잊고 살았다는 것을 깨달았다.

나는 어른이 되면 꿈 없이 사는 것이 당연한 일인 줄만 알았다. 꿈은 젊은 청춘에게나 있다고 생각했던 것이다. 나이를 먹어서 경제적인 것은 생각하지 않고 꿈 타령만 하는 사람은 왠지 무책임해 보였다. 주어진 현실에 만족하면서 안정적인 생활에 익숙해져 있었던 것이다.

주변 사람들에게 꿈이 무엇이냐고 물어보면 "이 나이에 꿈은 무슨 꿈?" 이런 반응이 대부분이었다. 아이 키우는 엄마가 꿈을 가진다는 것이 더 이상하게 생각되는 분위기였다. 집안일에 아이를 돌보느라 엄마들은 시간이 없다는 것이다. 그러고보니 나도 시간이 없는 것 같았다.

모든 사람에게 주어진 시간은 하루 24시간이다. 부자든 가난

한 사람이든 시간은 공평하게 주어진다. 누구에게나 똑같이 주어지는 24시간을 남들보다 잘 활용하여 훨씬 많은 일을 해내고 빨리 성공하는 사람들이 있다. 결국 무슨 일을 할 때 중요한 것은 시간의 양이 아니라 효율적인 활용에 있다는 것이다. 나는 나에게 주어진 24시간을 48시간처럼 활용하기로 마음먹었다. 그리고 '나의 10년 후 미래는 어떤 모습일까?' 생각해 보았다. 내가 꿈꾸지 않으면 매일 반복되는 일상에서 지치고 잠이 들어 세월은 흘러도 지금과 별다른 것이 없을 것 같은 느낌이 들었다. 나는 뭔가 변화를 하지 않으면 안 되겠다는 생각을 했다. 그래서 책을 사들이고 5단 책장 2개를 샀다.

텅 빈 책장에 하나둘 구입한 책으로 채워 가는 기분이 좋았다. 매일 시간을 쪼개서 책을 읽고 또 읽었다. 아이들을 재우다가 같이 잠이 들어 후회하는 시간도 있었지만, 그만두지 않고 의식적으로 책을 읽고 글을 쓰려고 노력했다. 그 결과 나는 작가 엄마라는 꿈이 생겼다. 며칠 전에 소윤이가 "엄마, 나도 엄마처럼 작가가 될 거야!"라는 말을 해서 깜짝 놀란 적이 있다. 이렇게 나는 아이의 롤모델이 되어 행복한 일상을 맞이하고 있다.

아이에게 롤모델이 있다는 것은 아이의 인생에 정확한 목표가 있다는 것이다. 그렇다면 부모는 롤모델이 되기 위해 어떻게 해야 할까? 우선 먼저 자신이 하는 일에 항상 열정을 다하는 모습을 보여 줘야 한다. 가끔 아이를 직장에 데려가서 일하는 모습을 보여 주는 것도 좋은 경험이 될 수 있다. 그리고 가장 중요한 것은 항상 일상에서 책을 가까이하는 모습을 보이는 것이다.

꿈을 꾸기에 늦은 나이란 없다. 늦었다고 생각할 때가 가장 빠른 시기다. 어떻게 내가 할 수 있을까를 생각하지 말고 그냥 행동해라. 1톤의 생각보다 1그램의 행동이 그 사람의 인생을 좌우하기 때문이다.

5년 후, 10년 후에도 지금과 똑같이 살고 싶은가? 미래의 나의 모습을 그려 보고 상상해 보자. 어떤 모습으로 살고 있기를 바라는가? 지금과는 다르지 않지만 체력적으로 약해진 모습일지 아니면 무엇인가를 이루기 위해 활기차게 생활하고 있을지 생각해 봐야 할 것이다.

무엇인가를 10년 넘게 꾸준히 한다면 인생은 저절로 변화될 것이다. 10년이란 시간은 큰 변화를 일으킬 수 있는 엄청난 시간이기 때문이다. 꿈을 위해 무언가를 준비하고 시도하기에 10년은 충분하다. 내가 어떤 삶을 살고 싶은지 생각해 보자. 그리고 하루에 2시간만 확보하여 자기 발전에 힘쓴다면, 10년 후에는 엄청난 변화가 있을 것이다. 부모가 아이에게 좋은 롤모델이 된다는 것은 매우 어려운 일이다. 그러나 부모는 내 아이를 위해서 항상 롤모델이 되려고 노력해야 한다. 내 아이의 롤모델이 된다면 부모는 성공적인 인생을 살았다는 자부심을 가질 수 있을 것이다.

아이는 엄마의
믿음 만큼 자란다

"넌 잘하는 게 뭐니? 뭐 하나라도 잘하는 것이 있어야지! 정말 답답하다. 물건을 맨날 잃어버리고 다니면 어떻게 하니?"

"정말 너 때문에 못 살겠다. 왜 이렇게 엄마를 힘들게 해?"

아이들과 산책하는데 한 엄마가 아이를 혼내고 있었다. 무슨 내용인지 들어 보니 아이가 책가방을 잃어버려서 엄마에게 혼이 나는 중이었다. 아이는 고개를 푹 숙인 채 땅만 바라보았다. 혼나고 있는 아이의 모습이 안쓰러웠다. 매일 반복되는 상황 때문에 아이를 혼내는 엄마도 많이 힘들었을 것이다. 그러나 아이에게 실망감을 드러낸다면, 아이는 자신감을 잃게 될 것이다. '난 맨날 실수만 하네. 난 정말 잘 하는 것이 하나도 없는 걸가?'라고 생각하면서 자기 자신을 비난하기 시작할 것이다. 결국 아이가 잘할 수 있는 상황인데도 '나는 뭐든지 해도 안되니까 하지 말자'라고 생각하면서 자발적으로 행동을 하지 않게 된다.

사소한 일도 다른 사람에게 해 달라고 하면서 다른 사람에게 의지하게 된다. 결국 아이는 살아가는 데 가장 중요한 자존감이 낮아지게 된다. 자존감이 낮은 아이는 자기 자신을 사랑하지 않고 존중도 하지 않는다. 아이는 결국 스스로 믿지 못하게 되는 것이다.

의학용어 중에 '플라시보 효과'라는 것이 있다. 플라시보 효과란 의사가 효과 없는 가짜 약 또는 꾸며낸 치료법으로 환자를 진료했는데, 환자가 긍정적으로 생각함으로써 병이 나아지는 현상이다. 이것은 심리적인 요인에 의해 병세가 호전되는 현상으로 위약(僞藥) 효과, 가짜약 효과라고도 한다.

병원에서 의사는 환자가 통증을 호소할 경우에 약효가 없는 비타민(거짓약)을 투약하여 통증을 가라 앉히기도 한다. 환자는 '진통제를 먹었으니까 이제 아프지 않겠지?' 하는 생각을 하게 되어 실제로 통증이 줄어든다. 이렇게 믿음은 눈에 보이지 않지만 신체적인 변화를 일으키는 중요한 심리 요소다.

우리는 아이가 자신의 존재 자체만으로도 소중하다는 것을 스스로 알 수 있게 해야 한다. 부모의 믿음 있는 말 한마디는 아이의 자존감 형성에 큰 영향을 미친다.

"다른 엄마들은 다 왔는데 우리 엄마만 안 와요."

"소윤아, 엄마가 회사 일 때문에 못 오시나 봐."

유치원에서 평일에 할로윈 축제의 일환으로 거리 행진을 한 적이 있었다. 회사 일 때문에 조금 늦게 도착했더니 소윤이가 울어서 눈이 빨갛게 부어 있었다. 선생님은 "소윤이가 다른 엄마들은 다 왔는데 '우리 엄마는 안 온다고' 울었어요."라고 말씀하셨다. 내가 오지 않아 소윤이가 무척 속상했던 것 같다. 학부모 참여수업 때 많은 엄마들이 참석하지만 아이의 눈에는 오직 내 엄마만 보인다. 아이에게 다른 사람은 중요하지 않기 때문이다. 아이에게는 자기를 믿고 바라보는 엄마의 눈빛이 중요하다. 아이가 좀 늦더라도 기다려 주는 엄마의 믿음은 커 가는 아이에게는 그 무엇보다도 절대적이다.

스티븐 스필버그는 어린 시절 수업 시간에 장난이 심하고 엉뚱한 질문을 해서 선생님을 당황하게 했다. 담임 선생님은 "스티븐 스필버그는 학교에서 공부를 할 수 없으니 집에서 학습시키든지 아니면 특수학교에 보내세요."라고 말했다. 스티븐 스필버그 엄마는 "선생님, 우리 아이가 다른 아이에게 방해가 되지 않는다면 그냥 두세요. 엉뚱한 질문을 할 때는 '집에 가서 엄마에게 물어 봐라' 해 주시고 저에게 알려 주세요. 그러면 도서관에 가서 찾아서 알려 주겠습니다."라고 말했다. 스티븐 스필버그의 존재 자체를

100% 인정해 주는 엄마였다.

스티븐 스필버그는 어린 시절 엄마의 헌신적인 노력과 믿음이 있었기에 성공할 수 있었다. 그의 엄마는 아이가 자유롭게 창의성을 키울 수 있도록 믿음을 가지고 일관성 있는 교육을 했다. 그 결과 스티븐 스필버그의 위대한 작품들이 탄생할 수 있었던 것이다.

엄마가 아이를 믿어 주는 것은 아이의 능력을 끌어내는 데 중요한 역할을 한다. 엄마의 말 한마디로 아이의 기를 살릴 수도 있고 죽일 수도 있다. 그렇기 때문에 엄마들은 아이들의 능력과 진심을 믿어 주어야 한다. 엄마가 아이를 바라보면서 '너는 반드시 할 수 있어'라고 믿음의 눈빛을 가지고 바라본다면 아이도 '나는 반드시 잘될 것이다'라고 믿고 무슨 일을 하든지 성공하게 될 것이다.

한번은 소윤이가 하원할 때 동네 마트에서 두 아이에게 비눗방울 놀이 장난감을 사 줬다. 밖에서 비눗방울 놀이를 조금 하다가 집으로 들어갔다. 집에서 둘이 비눗방울 놀이기구로 칼싸움을 하면서 놀기 시작했다. 그러다 갑자기 수연이가 우는 소리가 소리가 들렸다. 달려가서 보니 수연이가 넘어져 있었다.

"엄마, 언니가 비눗방울 칼로 밀어서 넘어졌어."

"아니야. 내가 밀려고 그런 게 아니라 실수로 그렇게 되었어."

"그랬구나. 깜짝 놀랐지?"

소윤이는 수연이가 넘어져서 다리를 조금 다친 것을 알고 걱정스러운 표정을 지었다. 동생을 다치게 해서 혼날 준비를 하고 있는 것 같았다.

"소윤아. 수연이가 많이 다치지 않았으니까 걱정 안 해도 돼."

"네. 죄송해요."

"소윤아, 엄마는 소윤이가 수연이를 일부러 다치게 하려고 했다고 생각하지 않아. 수연이랑 재미있게 놀려고 하다 보니 그렇게 된 거지? 엄마는 소윤이를 믿어."

나는 아이들과의 관계에서 일어난 일에서 아이를 진심으로 믿어 주고 있는 그대로 보려고 노력한다. 엄마가 있는 대로 보지 못하고 엄마의 판단으로만 아이를 혼내게 되면 아이는 자존감이 떨어지기 때문이다. 게다가 아이는 마음속으로 '엄마는 나를 믿어 주지 않네' 하면서 의기소침해지기도 한다. 그러면 모든 면에서 아이는 자신감이 없어지고 소극적인 태도를 보이게 된다.

아이의 자신감은 어디에서 나오는 걸까? 바로 엄마의 믿음에서부터 시작된다. 자신감이 있는 아이들은 하고 싶은 일에 열정을 가지고 꾸준히 한다. 자신에 대한 강한 믿음은 불가능한 일을 가능하게 바꿀 수 있을 정도의 강력한 힘이 되는 것이다.

아이들은 일상생활 속에서 하루에도 몇 번씩 '할 수 있다'라는 자신감과 '나는 이것은 할 수 없어'라는 절망감과 마주치게 된다. 엄마가 아이를 진심으로 믿어 주면서 "할 수 있다."는 격려를 해 주며, 평가하는 것이 아닌 조력자가 되어야 한다. 아이가 행복한 삶을 살 수 있도록 도와주고 지지해 주자.

엄마가 아이를 믿어 줘야 아이의 능력을 최대한 발휘시킬 수 있다. 아이들은 엄마의 얼굴 표정이나 말의 억양만으로도 엄마가 자신을 어떻게 생각하는지 잘 안다. 아이를 말썽꾸러기라고 생각한다면 아이는 진짜 말썽꾸러기가 될 것이다. 엄마가 아이를 바라보는 방식은 아이가 자신을 바라보는 방식에 영향을 주고 아이가 행동하는 데도 영향을 미친다. 아이는 엄마가 믿는 만큼 자라고 자존감 높은 사람으로 성장해 나갈 것이다.

부모의 습관이
아이의 미래를 결정한다

어린이 교육은 과거의 가치 전달에 있는 것이 아니라, 마래의 새로운 가치 창조에 있다.
– 존 듀이 –

"안녕하세요? 소윤이가 배가 많이 아프다고 해서 연락드렸습니다."

오늘 사무실에서 일하고 있는데 갑자기 소윤이가 다니는 유치원에서 전화가 왔다. 올해 들어서 이런 전화가 벌써 두 번째다. 아이가 아프다는 말에 처음에는 걱정되어 회사에서 바로 조퇴하고 달려갔다. 아이를 데리고 집에 와서 대변을 보게 했더니 배 아픈 것이 다 나았다. 배가 아픈 것은 화장실에서 대변을 보지 못해서였던 것이다. 아무래도 소윤이가 혼자 화장실에 가는 것을 두려워하는 것 같았다. 혼자 뒤처리를 하지 못해서 안 가고 참다가 결국에는 배가 아프게 된 것이다.

집에서는 쇼윤이가 화장실에 갈 때마다 도와주었다. 옷을 벗기고 번쩍 안아 들고서 변기에 앉혀 준다. 일을 다 본 후 신발을 신겨 주고 옷을 올려 준다. 그런 후 손을 씻고 화장실에서 나온다.

나는 소윤이를 힘들게 낳아서 아이에 대한 안쓰러움이 많았다. 아이가 말하면 무엇이든지 들어주고 싶었다. 그래서 지금까지 매번 화장실을 같이 가서 일을 처리해 주다 보니 유치원에서도 혼자 일을 처리하지 못하는 것이었다. 유치원에서는 참고 참다가 집에 오자마자 화장실에 가는 경우가 많다. 일곱 살이면 스스로 할 수 있는데도 집에서 엄마 아빠가 같이 해 주니 자기 혼자는 못 한다는 생각을 하고 있는 것 같았다.

아이가 혼자 할 수 있는데도 부모가 처리해 주거나 계속 도와주게 되면 아이가 자립적으로 살아갈 수 없다. 비록 조금 늦고 마음에 들지 않더라도 참고 기다려 줘야 한다.

아이를 어른의 시점에서 보면 안 된다. 엄마의 눈에는 아이가 아직 어리고 미덥지 않더라도 아이를 믿고 지켜봐야 한다. 아이가 집 안에서만 생활하는 것이 아니라 유치원에도 가고 학교도 가야 하는데 부모가 평생 아이만을 쫓아다니면서 문제를 해결해 줄 수는 없다. 아이에게 일어나는 모든 일은 아이가 감내해야 한다. 결국은 아이가 자신의 인생을 살아가는 것이다.

부모는 아이를 믿고 혼자 문제를 해결하도록 기다려 줘야 한다. 아이가 혼자 할 수 있는 일을 부모가 나서서 거들지 말아야 한다. 그래야 유치원에서도 자신감 있게 생활할 수 있다. 나도 할 수 있다는 자신감이 높아지면 아이의 자립심은 커질 것이다.

내가 평소에 자주 가서 공부하는 독서실에 카페 같은 공간이 있다. 책상이 있는 개인 공간에서는 시끄러운 소리를 내면 안 된다. 그날은 노트북을 사용하기 위해 따로 마련된 공간으로 나와서 공부를 하고 있었다. 그런데 독서실 실장이 20대 중반의 딸과 엄마처럼 보이는 사람들을 데리고 왔다. 상황을 보니 딸이 독서실을 다니려고 해서 같이 둘러보러 온 것 같았다. 딸이 중·고등학생도 아니고 다 큰 성인인데 엄마가 독서실을 골라 주려고 같이 따라온 것이다.

그 모습을 보고 안타까운 마음이 들었다. 그 정도 나이면 옛날 같으면 아이를 몇 명이나 낳은 엄마였을 것이다. 요즘은 아이들을 한두 명 낳다 보니 온실 속 화초처럼 자라게 되는 경우가 많다. 모두 공주, 왕자 아닌 아이들이 없다. 부모들은 집안에 무슨 일이 생겨도 공부에 방해된다는 이유로 아이에게는 알릴 생각을 하지 않는다. 혹시 아이가 무슨 일이 있냐고 물어도 "넌 몰라도 돼. 공부나 해."라고 말한다.

아이가 공부만 잘하면 집에서는 아무것도 하지 않아도 부모들은 만족하고 자랑스러워한다. 게다가 아이의 성적만 좋으면 아이가 어떤 짓을 해도 모든 것을 다 용서해 준다. 엄마는 아이의 모든 문제를 해결해 주고, 아이는 작은 일도 엄마에게 물어본다. 복

잡한 세상을 살아가야 할 아이들에게 생각과 판단력이 생길 기회를 빼앗는 것이다. 이러한 환경에서 자란 아이들이 나중에 사회에 나갔을 때 자기 주도적으로 업무를 처리하고 올바른 인간관계를 맺을 수 있을까?

공부만 잘한다고 성공하는 것은 아니다. 잘못하면 소중한 우리 아이가 천덕꾸러기가 될 수도 있다. 성적이 좋으면 물론 좋겠지만 스스로 알아서 척척 해낼 수 있는 자립심이 필요하다. 자기 주도적으로 업무를 처리하고 직장 동료들과 좋은 관계를 맺고 살아갈 수 있는 사회성이 필요한 것이다.

부모가 아이에게 꼭 키워 줘야 하는 것은 자립심이다. 자립심이란 다른 사람에게 의지하지 않고 자기 스스로 하려고 하는 마음가짐이다. 언제 어디서든 다른 사람에게 기대려 하지 않고 문제를 해결할 수 있는 자립성을 키워 주는 것이 현명한 부모다. 그렇다면 아이의 자립성은 어떻게 키워야 하는 것일까?

첫째, 아이가 혼자 할 수 있는 일을 부모가 대신해 주지 마라.

아이가 일상생활에서 할 수 있는 것들, 예를 들면 신발 신기, 옷 입기, 화장실 가기, 밥 먹기 등을 혼자 할 수 있게 기다려 줘야 한다. 아이는 실패도 배울 것이 있는 좋은 경험이라고 생각해야 한다. 나를 비롯한 많은 부모들이 시간이 없다는 이유로 아이 옷을 입혀 주고, 밥을 떠먹여 준다. 조금 늦더라도 아이 스스로 할 수 있게 느긋하게 기다려 주자. 아이에게 뭔가 해냈다는 자신감을 갖게 해 주자. 일상에서의 소소한 성공 경험이 쌓여야 아이의 자립심이 커진다.

둘째, 아이와 유대감을 형성해라.

아이가 부모의 사랑과 관심을 충분히 받고 있다고 느낄 때 유대감이 생긴다. 어떤 일을 결정할 때 아이의 의견을 먼저 들어 보고 반영해야 하며, 대화를 통해서 아이의 생각을 이해하려고 노력해야 한다. 소통하면서 아이의 마음에 공감해 주면 아이와의 유대감 형성에 도움이 될 것이다. 부모와의 유대감이 형성되면 아이는 모든 일에 자신감을 가지고 생활하게 되며 결국에는 자립심이 커진다.

셋째, 아이를 믿고 지지해야 한다.

아이 자체를 믿고 지지한다는 것을 느끼게 해 주어야 한다. 부모는 아이를 무한 긍정으로 응원해 줄 수 있는 유일한 사람이다. 아이가 잘못된 행동을 하더라도 아이와 행동을 따로 구분해서 볼 줄 알아야 한다. 이렇게 아이를 믿고 지지해 주면 아이는 내면의 힘을 길러 모든 일을 스스로 해 나갈 것이다.

자립심을 키워 주는 부모의 습관이 아이의 미래를 결정한다.

아이가 할 수 있는 사소한 일은 스스로 할 수 있도록 배려해서 자립심이 강한 아이로 키우자. 일상생활에서의 작은 성공 경험이 쌓이고 스스로 결정하고 판단할 수 있는 능력이 생긴 아이는 자립심이 강해진다. 자립심이 강한 아이는 문제 해결력이 뛰어나 사회생활에 적응을 잘 할 수 있다. 자립심은 또 인성과 창의력에 많은 영향은 준다. 자립심을 키워 주는 부모의 습관이 아이의 밝은 미래를 만든다.

아이를 '키울' 생각보다
'커 가는' 모습을 바라보라

"애들이 다 크니까 할 일이 없어서 허전하고 심심하네요."

아이들을 키운 어느 엄마의 이야기다. 아이를 낳은 후 엄마는 아이를 위하는 일이라면 뭐든지 다하는 열정을 보인다. 아이를 키우기 위해서 태어난 사람들처럼 자식에게 올인한다. 이렇게 정성을 들여 20년 이상을 키운 후 결혼을 시키게 되면 사위나 며느리에게 바라는 것이 많아진다. 그러다가 기대에 미치지 못하면 실망하게 된다. '내가 어떻게 키운 아이인데 이렇게 밖에 못하냐'라는 생각을 하면서 갈등이 생긴다.

자식을 키우는 데 올인하고 엄마 자신을 키우는 데는 신경을 쓰지 않았기에 더욱 허전하고 마음이 좋지 않다. 잘 키운 아이를 남에게 빼앗겼다는 생각이 들 뿐이다. 자식을 다 보내고 나면 허전함만 남게 된다. 아이들이 어렸을 때 엄마 자신의 삶을 살지 않고 아이에게 올인한 결과다. 지나간 세월은 보상받지 못하니 억울하기만 하다.

심리학 용어에 '빈 둥지 증후군'이라는 말이 있다. 빈 둥지 증후군은 아이들이 독립을 하는 시기에 엄마가 느끼는 슬픔을 의미한다. 이런 빈 둥지 증후군은 자녀 양육에만 전념한 전업주부에게 주로 나타난다고 한다. 목표 상실과 우울함을 동시에 느끼게 되는 것이다.

아이들이 독립하고 난 후에 빈 둥지 증후군을 겪지 않으려면 어떻게 해야 할까? 아이에게 무조건적으로 올인하지 않아야 한다. 아이만을 바라보면서 엄마의 인생을 허비하는 것이 아니라, 한 살이라도 젊을 때 무엇이라도 배워야 한다. 아이를 키우려고 하지 말고 아이가 커 가는 것을 바라보자.

육아란 아이와 엄마가 함께 성장해 나가는 과정이다. 엄마와 아이가 서로 각자 인생의 발전을 위해서 노력해야 한다. 부모가 자식에게 헌신하는 것이 아니라 아이와 부모가 함께 살아가야 하는 것이다.

아이만을 바라보고 헌신하면서 키운 뒤 아이에게 "내가 너를 힘들게 키웠으니 내 노후는 네가 책임져."라고 하면 좋아할 자식이 어디 있겠는가? 늙어서 자식들에게 짐 같은 존재가 되지 않기 위해서 지금이라도 경제적인 준비를 해야 한다. 현재보다 조금이라도 나아질 수 있는 방향으로 나가기 위해서 엄마는 자기계발을 위한 투자를 지금부터 해 나가야 한다.

그리고 아이들이 어느 정도 크면 경제적 독립을 시켜야 한다. 우리나라에서는 부모가 늙어서도 끝까지 자식을 위해서 경제적인 지원을 해 주는 경우가 많다.

통계청이 발표한 '2015년 한국의 사회동향'에 따르면 우리나라 20~30대 미혼율은 1995년 35.1%에서 2010년 52.5%로 15년 만에 17.4% 상승했다. 요즘 젊은이들이 결혼하지 않는 이유는 경제적 요인이 가장 크다고 한다.

자녀를 일찍 독립시키는 서구 사회에서는 아이가 고등학교 다닐 때까지만 경제적인 지원을 해 준다고 한다. 고등학교를 졸업하면 경제적인 독립을 하게 되어 자신의 꿈을 찾아 직업을 선택하게 되는 것이다. 아이를 좋은 대학과 직장에 보내는 것이 최종 목표인 우리나라와는 정말 비교가 된다.

엄마는 아이를 키울 생각을 하지 말고 아이가 커 가는 모습을 바라보면서 엄마도 성장해야 한다. 동시에 아이에게 엄마의 꿈을 이루라고 강요하지 말고, 꿈을 분리시켜야 한다. 그래야 아이만의 꿈을 꾸고 그것을 이루기 위해 살아갈 수 있기 때문이다. 엄마에게 이루지 못한 꿈이 있다면, 아이를 통해 이루려고 하지 말고 본인이 직접 이뤄 내면 된다. 꿈을 이뤄 낼 능력이 있다는 것을 믿고, 지금 당장 실행에 옮겨 보자.

100세 시대에 우리는 아직도 살아야 할 세월이 길다. 그래서 엄마가 그 꿈을 이뤄 내기에 충분한 시간이 있다.

내 아이들은 일곱 살, 네 살로 아직 어리다. 더 어린 둘째 수연이가 엄마를 많이 찾는 편이다. 직장에서 퇴근 후 가끔 일이 있어서 아이를 이모에게 맡겼는데 아이가 너무 싫어했다. 이모 집에 가기 싫다고 문 앞에서 30분 동안이나 울었다는 소리를 들은 후 마음이 좋지 않았다. 그 뒤로 퇴근하면 만사 제쳐 놓고 바로 아이를 데리고 온다. 퇴근 후 나의 시간은 온전히 아이들 것이었다. 아이들과 시간을 보내고 집안일을 하다 보니 하루하루가 어찌나 빨리 지나가는지 하루가 가고 한 달이 가고 벌써 1년이 지났다. 시간은 흘러가고 나이만 먹고 있는 것 같았다. 내 인생은 없고 엄마로서의 인생과 의무만 있는 것 같아서 어깨가 무거웠다. 여기서 내 인생에 더 이상의 발전은 없을 것 같았다.

나는 변화하기로 마음먹고 당장 책을 읽기 시작했다. 책을 읽으면서 더 나은 미래를 위한 꿈을 찾게 되었다. 한동안 아이들을 두고 밖으로 나가는 것이 힘들었다. 그러나 나는 내 꿈을 위해서 조금 이기적으로 나 자신만을 생각하고 행동할 수 있는 시간을 확보해야 할 필요가 있었다. 이렇게 엄마는 꿈 앞에서는 조금 이기적으로 행동해야 개인적인 시간을 낼 수 있다. 조금 지나니 아이들은 금방 적응을 하기 시작했다. 지금은 아이들도 엄마의 꿈을 응원해 주고 있다.

나는 지금 차근차근 시간을 투자하면서 미래의 인생을 가꾸어 가고 있다. 이제 별다른 일이 없는 날이면 남편에게 아이들을 맡기고 밤 10시 이후에는 내 시간을 갖는다. 혼자만의 시간을 가지면서 책을 읽고 더 나아가 책을 쓰고 있다. 책을 쓰면서 아이들에게만 집중하여 살아온 내가 아이를 낳고 처음으로 혼자 카페를 가게 되었다. 아이를 키울 때는 친구도 만나지 않았다. 그래서 책을 읽기 전에는 아이들을 두고 카페에 간다는 것은 상상할 수 없는 일이었다. 그러나 지금은 시간만 있으면 집근처 카페에서 나만의 시간을 갖는다. 혼자만의 시간으로 보다 성숙한 나를 만들고 있다.

엄마는 아이들에게 중요한 영향을 미친다. 엄마가 매일 공부하는 모습을 보여 준다면 아이들은 말하지 않아도 공부하게 된다. 매일 공부하여 엄마가 꿈을 이루어 가는 모습을 보여 주면 아이들도 '나도 할 수 있다'는 자신감을 얻을 수 있을 것이다. 이렇게 매일 같이하는 엄마가 발전적인 모습을 아이들에게 보여 준다면 아이들도 자극을 받게 된다. 긍정적인 자극을 받은 아이들은 더 성숙하게 자라날 것이다.

엄마가 발전하면 아이들은 저절로 자라나게 된다. 아이를 잘 키우려고 조바심을 내지 말자. 오늘부터 내 안에 잠들어 있는 작은 거인을 깨우자. 작은 거인은 엄마의 인생을 화려하게 바꿔 줄 것이다.

육아는 아이를 키우는 것이 아니라 엄마와 같이 성장해 가는 과정이다. 아이를 키운다는 생각 대신 엄마 자신을 키우면서 아이들이 커 가는 모습을 바라보자.

내가 두 아이를
키우면서 배운 것들

초판 1쇄 인쇄 2017년 4월 28일
초판 1쇄 발행 2017년 5월 5일

지 은 이 **김영숙**
펴 낸 이 **권동희**
펴 낸 곳 **위닝북스**
기　　획 **김태광**
책임편집 **신지은**
디 자 인 **박정호**
교정교열 **채지혜**
마 케 팅 **김응규 허동욱**

출판등록 **제312-2012-000040호**
주　　소 **경기도 성남시 분당구 수내동 16-5 오너스타워 407호**
전　　화 **070-4024-7286**
이 메 일 **no1_winningbooks@naver.com**
홈페이지 **www.wbooks.co.kr**

ⓒ위닝북스(저자와 맺은 특약에 따라 검인을 생략합니다)
ISBN 979-11-87532-53-8 (13590)

이 도서의 국립중앙도서관 출판도서목록(CIP)은 서지정보유통지원시스템
홈페이지(http://seoji.nl.go.kr)와 국가자료공동목록시스템(http://www.nl.go.
kr/kolisnet)에서 이용하실 수 있습니다.(CIP제어번호: CIP2017008729)

이 책은 저작권법에 따라 보호받는 저작물이므로 무단전재와 무단복제를
금지하며, 이 책 내용의 전부 또는 일부를 이용하려면 반드시 저작권자와
위닝북스의 서면동의를 받아야 합니다.

위닝북스는 독자 여러분의 책에 관한 아이디어와 원고 투고를 설레는
마음으로 기다리고 있습니다. 책으로 엮기를 원하는 아이디어가 있으신 분은
이메일 no1_winningbooks@naver.com으로 간단한 개요와 취지, 연락
처 등을 보내주세요. 망설이지 말고 문을 두드리세요. 꿈이 이루어집니다.

※ 책값은 뒤표지에 있습니다.
※ 잘못 만들어진 책은 구입하신 서점에서 교환해 드립니다.